모두를 위한 우주는 없다

모두를
위한

최은정 지음

우주는 없다

우주 불평등 시대를 항해하는
인류의 미래를 위한
긴박한 질문들

갈매나무

프롤로그

우주는
중립적이지 않다

20세기 중반까지 우주宇宙, universe는 인류에게 단지 신화의 영역이거나 천문학적 탐구 대상이었다. 그러나 1957년 소련의 스푸트니크 1호Sputnik-1 발사는 우주space를 전략적 영역으로 탈바꿈시켰고, 우주는 곧 냉전의 경쟁 무대가 되었다. 이후 우주는 군사적·과학적·상업적·외교적 플랫폼으로까지 확장되었고, 오늘날 육·해·공·사이버를 넘어 '제5영역'을 잇는 새로운 주권 공간으로 진화하고 있다.

이 책은 국가 차원을 넘어 민간이 우주를 향할 정도로 기술이 고도화된 시대에, 우주에서 불평등과 전쟁이 현실화되고 있음에도 우주를 경제와 산업 측면으로만 조망하는 흐름을 비판하며 우리에게 필요한 새로운 우주 패러다임을 제시하고자 한다. 우주 전쟁이라고 하면 〈스타워즈〉 같은 공상과학을 떠올리기 십상이지만, 사실 우주에서의 경쟁 구도는 이미 가시화되었다. 우주 전쟁도 불가능한 이야기가 아니다. 당장 최근 뉴스만 보더라도 미국과 중국이 전 세계 군사 패권을 놓고 우주공간에서 첨단 감시·정찰위성 경쟁을 본격화하고 있지 않은가? 그뿐만 아니라 우주에서 작전을 수행하며 상대의 인공위성을 무력화시키는 킬러위성과 이에 대응하는 방어 시스템 기술도 가시화되고 있다.

현장에서 여러 이야기를 보고 들으면서 나는 언제나 사람들이 우주의 평화적 이용에 관해서는 주목하지 않는 데 큰 아쉬움을 느꼈다. 우리는 우주의 가능성에만 열광하면서 빛나는 부분만을 보려 한다. 앞으로 우주 관련 기술은 더 정교해질 텐데, 우주의 현실을 적시하지 않고 눈에 드러나는 부분에만 관심을 기울인다면 우주의 많은 가능성과 기회를 놓치게 되리라고 나는 생각한다. 우주를 어떻게 이용하고 접근하는지에 따라 앞으로 다가올 미래의 모습은 크게 달라질 것이다. 그래서 나는 현장에서 가장 가까이 '지금' 일어나는 일들을 보고 듣는 사람으로서 우주의 독점과 불평등 문제, 전쟁 가능성과 평화적 이용을 위해 필요한 조치까지 좀 더 현실적인 이야기들을 해보려고 한다.

물론 우주에는 위험하고 어두운 측면만 있지 않다. 오히려 인류는 오랜 역사 동안 우주를 바라보며 꿈을 꾸었다. 그래서 이 책에서는 급변하는 우주 패러다임 속에서도 우주를 상상하고 꿈꾸는 일을 잊지 않도록, 인류가 언제부터 어떻게 우주를 동경하고 뻗어나갔는지 그 역사와 발견과 의의, 기술적 발전의 흐름 등 지식적 차원까지 꼼꼼히 짚고자 한다.

...

역사적으로 보면 인류는 언제나 우주를 동경하고 우주로 나아가고자 했다.

인류는 수천 년 전부터 하늘을 관측하고 기록해왔다. 고대에 시작된 천문학은 과학·철학·예술·정치가 융합된 '우주인식의 출발점'이자, 인류 역사에서 가장 오래된 과학이다. 고대의 관측은 정밀성과 지속성, 체계성이라는 과학적 속성을 반영하는 유산이기 때문이다. 별과 행성의 위치를 관측하고 해석하는 고대 천문학으로 시작된 인간의 우주인식은 우주를 단순한 자연현상이 아닌 신성·시간·생존과 연결된 불변의 '지식 대상'으로 바라보도록 변화했다.

고대 메소포타미아에서는 천체의 주기적인 움직임과 현상을 연구하고 기록해서 이를 기반으로 날력을 만드는 등 시간 세계를 발전시켰다. 그들은 황도대黃道帶* 개념을 개발하고 태양과 달, 다섯 개 행성(수·금·화·목·토)의 위치를 관측하여 도표화된 자료를 남겼다. 이 자료들은 후에 그리스와 이슬람에서 천문학이 발전하는 데 결정적 영향을 미쳤다. 하늘을 바라보며 별의 움직임을 따라 농사를 짓고 생존을 지배받던 고대인들의 모습은 오늘날 우주에 떠 있는 인

---

* 황도는 지구에서 봤을 때 태양이 1년 동안 하늘을 이동하는 경로를 말한다. 황도대는 황도의 남북으로 각각 약 8도의 폭을 갖는 천구의 영역을 말한다. 황도대는 메소포타미아 수메르에서 처음 사용되었고, 별자리나 행성 위치를 파악하는 데 중요한 역할을 했다.

공위성을 바라보며 위성의 신호로 시간과 위치를 알아내고 움직이는 우리 모습과 크게 다르지 않은지도 모른다.

고대 그리스인들은 주위 만물이 조화롭고 질서 있게 어울리는 상태를 관념적 '우주'로 생각했기에 계절의 순환이나 일식·월식, 별자리 이동을 단순한 자연현상이 아닌 '질서 있는 세계cosmos'가 알려준 시간으로 여겼다. 고대 그리스의 초기 철학자들은 천체 운동을 수학적 조화의 표현으로 간주했다.

오늘날에도 천문우주학은 여전히 우주탐사의 출발점이다. 위성 궤도 계산에 사용되는 천구좌표계나 항법 기술의 기초가 된 별 관측 방법, 우주를 수학적으로 해석하려는 현대 우주과학의 노력이 결국 케플러의 행성법칙이나 뉴턴의 만유인력법칙으로 결실을 맺으며 우주역학으로 정립되었기 때문이다.

고대 천문학이 인간의 경험과 직관, 종교적 해석을 중심으로 발전했다면, 근대 천문학의 발전 방향은 관측과 수학을 기반으로 하는 '기계적 우주관' 쪽으로 전환되었다. 특히 니콜라우스 코페르니쿠스Nicolaus Copernicus, 갈릴레오 갈릴레이Galileo Galilei, 요하네스 케플러Johannes Kepler의 이론적 발견으로 천문학이 수학 기반 과학으로 전환하면서 16세기 이후 유럽에서 과학 혁명의 움직임이 본격화되었다. 그 시작점이 바로 코페르니쿠스의 《천구의 회전에 관하여》다. 그는 지구가 태양을 공전한다는 태양 중심설을 주장하면서 수천 년간 유지되어 온 지구 중심적 세계관에 결정적 도전을 가했다. 이후 요하네스 케플러는 행성의 운동이 모항성(태양)을 하나의 초점으로 하여 타원 궤도를 따른다는 사실을 밝혔고 갈릴레오 갈릴레이는 망원경으로 목성의 위성, 태양의 흑점, 금성의 위상 등을 관측하여 기존 패러다임을 뒤흔드는 실증적 증거들을 제시했다.

뉴턴은 이를 확장하여 행성 운동, 즉 천체역학celestial mechanics 의 근대적 연구를 선도했다. 그는 세 가지 기본 역학법칙과 만유인력법칙을 고안하고 이를 물체의 운동에 적용하면서 과거의 모든 천문학을 총괄하는 동시에 천체물리학의 포문을 열었다. 뉴턴의 만유인력법칙은 우주의 운동을 보편적인 물리법칙으로 설명할 수 있다는 확신을 인류에게 안겨주었고 훗날 인공위성의 궤도 계산과 발사체 설계의 물리적 기반이 되었다. 이를테면 물체의 가속도(a)는 힘(F)의 크기에 비례하고 질량(m)에 반비례한다는(F=ma) 뉴턴의 운동 제2법칙은 로켓 추진력thrust 의 기초 개념으로 활용된다.

19세기 말에서 20세기 초, 천문학은 점차 광학 관측을 넘어서 물리학과 융합했다. 분광학spectroscopy 의 발전은 별빛을 분석하여 별의 화학 조성과 운동 방향(도플러 효과)을 파악하는 일을 가능하게 했고, 광전 효과의 발견은 태양과 별의 에너지 방출 메커니즘에 관한 이해를 확장시켰다.

하늘을 날고자 했던 인간의 오랜 꿈은 기구와 비행기를 지나 마침내 지구 인력을 극복하고 우주로 향하는 로켓으로 구현되었다. 수많은 이론적 기반 위에서 인류는 20세기 중반 드디어 지구의 중력을 벗어날 실제 기술을 갖추었다. 로켓 추진 기술, 궤도역학orbital mechanics, 로켓 방정식이 실용화되면서 인간은 처음으로 우주를 신의 영역이나 사변적 사유의 공간이 아닌 관측과 설계로 진입할 수 있는 '도달 가능한 공간'으로 여기게 되었다.

달과 별을 향한 호기심과 끝없는 상상력으로 로켓 개발에 일생을 바친 여러 선구자의 노력으로 인류의 미래는 변화에 들어섰다. 인류 역사상 첫 우주탐사와 귀환이라는 위대한 업적을 남긴 아폴로 11호의 사례를 보자. 아폴로 계획Apolo program에는 유인 달 탐사로 새턴 5호Saturn V가 사용되었는데, 새턴 5호는 치올콥스키Konstantin Tsiolkovsky의 이론과 고더드Robert H. Goddard의 설계, 오베르트Hermann Oberth의 다단계 로켓 개념이 융합된 결정체였다.

우주시대를 가능하게 한 가장 결정적인 기술적 문명 자산인 로켓 과학은 불과 수십 년 만에 기술 혁명을 이루었다. 인류는 지구 궤도에 올라섰고, 달에 도달했으며, 행성 간 탐사선을 쏘아 보냈다. 인류가 우주의 주체로 활약하는 탐사와 정복의 시대를 맞이한 것이다. 인류 문명의 관점에서 사상적·기술적 대전환이었다고 할 만하다.

…

우주라는 공간의 개념은 시대에 따라, 인류가 걸어온 발자취에 따라 변모해왔다. 지구부터 달, 화성, 그 너머의 심우주deep space까지 인류가 우주를 정복해온 길을 톺는 과정은 앞으로 우리가 나아갈 길의 청사진을 그려보는 데 도움을 줄 것이다(1부).

하지만 이 과정에서 겪게 되는 문제도 반드시 짚고 가야 한다. 우주로 가는 길이 누구에게나 열려 있지 않기 때문이다. 지금 우주로 가는 과정에서 우리는 우주 불평등과 우주 전쟁을 겪고 있다. 우리 앞에 놓인 문제들을 조명하고 그 해결책을 모색해야 한다. 문제를 알아야 해결 방향성도 잡을 수 있다. 이제 우주는 단순한 탐험의 영역에 머무르지 않는다. 도달 가능한 공간을 넘어 '거주 가능한 공간'까지 확장될 우주에서 어떤 비판적 시각을 견지해야 지구에서의 어두운 역사를 반복하지 않을지 고민해보고자 한다(2부).

우주로 나가면 지구 중심적 관점을 더는 견지할 수 없다. 우주에서는 순간, 지구를 중심에 두던 우리의 시선은 달라질 수밖에 없다. 따라서 바다와 신대륙이 아닌 우주로 뻗어나가는 새로운 대항해 시대, 우리에겐 새로운 시간 체계와 에너지 전환, 더 나아가 제도 공백 해결까지 새로운 우주 패러다임 정립이 필요하다(3부).

우주개발은 이제 선택이 아닌 필수다. 우주는 단일 미션의 공간을 넘어 지속적인 생태계 구축의 장이 되고 있다. 독점의 시대에서 공유의 시대로, 경쟁의 공간에서 협력과 질서의 공간으로 패러다임 전환이 일어나고 있다. 책에서도 거듭 강조하겠지만, 우리는 우주에 나갈 수 있고 또 나가야만 한다. 하지만 우주는 무한한 자원이 아니고, 따라서 장기적으로 지속 가능하게 우주를 이용하기 위해선 많은 노력과 고민이 따른다.

현대 우주개발의 핵심 키워드는 지속 가능성, 달 복귀 및 이주 인프라 구축, 화성 및 심우주 개척으로 정리할 수 있다. 우주가 지속 가능하려면 궤도 환경의 보전과 우주 자원의 책임 있는 이용이 필요하다. 그 방안으로 지구 궤도 위 우주물체의 위치와 움직임을 모니터링하는 우주상황인식 Space Situational Awareness; SSA, 우주물체의 충돌을 방지하고 교통 흐름을 통제하는 우주교통관리 Space Traffic Management; STM, 우주 공간에서의 의도를 판단하고 위협을 분석해서 대응하는 우주영역 인식 Space Domain Awareness; SDA 이 통합 체계로 발전해나가고 있다.

이제 우주는 지구를 넘어 달과 화성까지 이어지고 있고, 과학 목적만의 단발성 탐사가 아닌 지속 가능한 존재 방식으로 진화하고 있다. 지구에서는 달로 향하는 아르테미스 계획 Artemis program*이, 달 궤도에서는 게이트와 중계 플랫폼 건설이, 달 표면에서는 우주현지자원활용 In-Situ Resource Utilization; ISRU**과 정거장 모듈 설치가 시도되고 있다. 달은 화성으로 연결될 전초기지로서, 화성은 자원 조사와 인류의 거주 가능성을 실험할 개척지로서 다중거점 multi-nodal

---

*   그리스 로마 신화에서 아르테미스는 달의 여신이자 아폴로의 쌍둥이 누이이다. 원조 유인 달 탐사 계획인 아폴로 계획의 후속 사업으로서의 의미를 담았다.

**   우주를 탐사할 때 필요한 재료나 원료를 지구에서 매번 조달하는 대신 달이나 화성 등 탐사하려는 천체에서 직접 수집하고 가공해서 사용하는 것을 말한다. 중량이나 비용, 발사체의 크기를 획기적으로 줄일 수 있다. 심우주 탐사와 정착에 반드시 선행되어야 하는 기술이다.

infrastructure 전략의 핵심이라 할 수 있다.

협력을 기반으로 우주공간을 평화롭게 이용한다면 인류는 많은 혜택을 얻을 수 있다. 이 점에 주목하여 달에 착륙한 지 50여 년, 국제우주정거장International Space Station; ISS에 인간이 거주한 지 20여 년이 지난 지금, 새로운 탐사 시대가 열렸다. 나사National Aeronautics and Space Administration; NASA의 유인 달 탐사 계획인 아르테미스 계획이 그 포문을 열었다. 목표는 2027년 여성과 유색인 우주인을 달 남극에 착륙시키는 것인데, 이를 추진하고자 국제협력 원칙인 아르테미스 협정Artemis accords이 수립되었다. 나사는 보다 장기적으로, 아르테미스 계획으로 인류를 달에 보낸 뒤 달을 중간 거점 삼아 화성으로 진출할 시스템을 개발하겠다는 '문 투 마스Moon to Mars' 계획까지 세워둔 상태다.

미국뿐만 아니다. 유럽우주국European Space Agency; ESA은 국제협력을 바탕으로 달과 화성·목성 탐사를 추진하고 있고, 현재 전 세계에서 네 번째로 우주개발에 많이 투자하는 일본은 소행성 탐사를 선도하고 있다. 중국 역시 중국국가항천국China National Space Administration; CNSA 주도로 창어嫦娥 프로그램과 톈원天問 프로그램을 진행하면서 달·지구·화성에서의 거점화 전략을 진행하고 있다.* 인도의 찬드라얀Chandrayaan 달 탐사 프로그램과 아랍에미리트의 아말Amal 화

---

* '창어'는 중국 신화 속 달의 여신을 뜻하며, '하늘에 묻다'라는 뜻의 '톈원'은 중국 전국 시대 초나라 시인의 시에 근원한다.

성 탐사 프로그램까지, 우주탐사 전략은 다국적·다자간 구조로 확산되고 있다.* 스페이스X Space X 가 개발한 대형 우주선 '스타십 Starship'도 인류를 화성에 보내겠다는 일론 머스크 Elon Musk 의 야심 찬 계획을 한 발씩 진전시키고 있다. 국가를 넘어 민간기업이 우주개발을 주도하는 우주시대도 함께 문을 연 것이다.

우주는 더 이상 먼 미래가 아니다. 우주는 우리가 생각한 것보다 훨씬 더 가까이에 있다. 우주는 이제 전 인류가 공유하는 자산이며, 어떻게 설계하고 운영할지 우리가 살아가야 할 공간의 관점에서 고민해보아야 한다.

우주 대항해 시대, 우리가 겪을 변화와 발전이 어떻게 인류 역사를 바꾸고 새 시대를 선도해나갈지, 이런 패러다임의 변화 속에서 우리는 어떤 상상력으로 우주에 나아가야 할지, 지속 가능한 우주항해를 위해 우리가 할 수 있는 일은 무엇인지, 지금 우리에게 필요한 질문과 답을 여러분들과 같이 생각해보고자 한다.

우주로 가는 길의 여정에서 '모두를 위한 우주'를 함께 꿈꾸길 바란다.

---

* '찬드라얀'은 산스크리트어로 '달 여행용 우주선'이라는 뜻이며, '아말'은 희망이라는 뜻이다.

차례

프롤로그 우주는 중립적이지 않다   5

PART.1
궤도를 향한 도전
우주 다중거점을 확보하라

1. 지구 궤도는 보이지 않는 전쟁터
세계는 왜 '정지궤도'를 탐하는가?   21
하늘 너머는 공공재일까 공유재일까?   27
지속 가능성의 과학, 궤도역학   34

2. 달, 인류 꿈의 전조기지
"우리는 달에 가기로 결정했습니다."   51
시스루나, 우주 자산의 중심축   65
감시 체계 없는 달 궤도는 안전한가   78

3. 화성, 그 너머 심우주를 향하여
화성까지 가는 가장 효율적인 방법   91
행성과 행성 사이, 소행성 채굴 쟁탈전   99
위험과 불안 속 화성 궤도 지키기   111
Off the Record 대한민국 우주발사체 누리호에 얽힌 뒷이야기   120

PART.2
우주 불평등에서 우주 전쟁까지
과열 경쟁 속 평화를 지켜라

4. 우주 불평등 : 개발은 과연 모두에게 좋은가?
시대에 따른 우주공간 의미 변천사   131
우주까지 뻗어나간 독점과 식민지   143
기술과 정보의 사다리 걷어차기   153

5. 우주의 평화적 이용 : 다자간 공평한 공존은 가능한가?
'우주의 평화적 이용'이라는 모호한 정의   167
우주안보의 변화, 스타워즈에서 골든돔으로   176

6. 우주상황인식 : 쏘아 올린 우주물체는 안전한가?
쓰고 버려지는 우주 쓰레기의 공격   187
혼잡해지는 우주를 감시하고 관측하기   200

7. 우주영역인식 : 극단적 패권 다툼을 통제할 수 있는가?
'우주군'은 SF만의 이야기가 아니다   207
러시아-우크라이나 전쟁은 '우주전'의 일부였다?   215
국가 내 합동을 넘어 국가 간 연합으로   226
Off the Record 미국 반덴버그우주군기지 훈련에 참여한 뒷이야기   233

PART.3
이미 시작된 우주 대항해 시대
새로운 패러다임으로 대비하라

8. 지구 중심 관점에서 벗어나자
전혀 다른 시간과 에너지 체계가 있다 — 241
인간의 사고방식을 뒤흔드는 발견들 — 253

9. 우주교통관리 : 우주 거주를 도울 안전 운행을 위하여
통제를 벗어난 우주물체, 어떻게 관리할까? — 263
회피기동, 누가 규제하고 책임질까? — 268

10. 제도적 공백을 무사히 지나가기
국제 우주법 체계를 마련하는 길 — 275
우주를 항해하는 미래 인류를 위한 안내서 — 284
Off the Record 우주위험감시센터에서 북한 만리경을 바라본 뒷이야기 — 292

에필로그 속도보다 방향, 독점보다 협력을 꿈꾸며 — 298
참고자료 — 303
추천의 말 — 310

PART.1

궤도를 향한 도전

우주 다중거점을 확보하라

1.

**지구 궤도는
보이지 않는 전쟁터**

세계는 왜 '정지궤도'를 탐하는가?

어디 떠 있는지가 문제다

지구를 중심으로 운용되는 인공위성, 우주선, 우주정거장은 모두 일정한 궤도를 따라 움직인다. 궤도 공간이 그 자체로 제한된 인프라인 셈이다.

　인공위성이 떠다니는 우주는 공기도 없고 중력도 거의 없는 초청정 환경으로 인공위성에 유리한 점만 있을 것 같지만, 지구와 근본적으로 다른 환경 탓에 지상에서 예상하지 못한 문제가 발생하기도 한다.* 진공·중력장·방사선·미세운석을 포함해 모든 물리적 요인이 인공위성의 수명·우주인의 안전·우주의 경제성을 좌우하고, 결과적으

---

* 　우주환경의 대표적 특징은 공기 저항이 거의 없는 저밀도 환경, 물질이 거의 존재하지 않고 기압이 낮은 고진공 상태, 복사 에너지와 미세중력의 존재다.

로 지속 가능한 우주를 위한 운영 전략에 결정적인 영향을 미친다.

고도 500~2,000킬로미터 사이의 저궤도Low Earth Orbit; LEO 에 자리한 인공위성은 초속 7.8킬로미터 정도의 속도로 하루에 지구를 열여섯 바퀴 정도 돈다. 90~120분 정도의 공전 주기를 갖는 셈이다. 저궤도는 인공위성이 통신이나 관측, 과학 실험을 수행하는 주된 영역이다. 지구와 가깝기 때문에 운용에 장점이 많지만, 대기 저항이 존재하므로 안정적으로 운용하려면 주기적으로 궤도를 조정해서 유지해주어야 한다. 장기 운용할 경우에는 자연적으로 궤도가 낮아져서 마지막에는 지구 대기권으로 재진입한다.

고도 2,000~3만 5,786킬로미터를 중궤도Medium Earth Orbit; MEO 라고 하는데, 저궤도보다 넓은 지역을 커버하고 정지궤도Geostationary Orbit; GEO 보다 접근이 용이하다. 중궤도의 인공위성은 초속 3~7킬로미터 정도의 속도로 3~24시간의 공전 주기를 갖는다. 우리가 실생활에서 많이 사용하는 GPS 신호는 중궤도를 도는 항법위성들이 보내주는 정보를 활용한 것이다. 미국의 GPS, 유럽의 갈릴레오Galileo, 러시아의 글로나스GLONASS, 중국의 베이더우Běidǒu 등 세계 각지의 위성항법시스템Global Navigation Satellite System; GNSS 이 모두 이 영역에 자리한다.

중궤도 영역에는 고에너지 입자들이 모여 있는 밴앨런 복사대Van Allen radiation belt 가 있다. 간단하게 설명하면, 태양풍에 의해 뿜어져 나온 양성자와 전자 같은 전하 입자가 지구 자기장에 갇혀 적도 부근을 도넛 모양으로 감싸는 부분이다. 주로 양성자로 이루어진 내대와 전자로 이루어진 외대로 나누어진다. 이러한 지구 방사선대는 방사선 피해를 줄 수 있어 우주환경의 '위험 지대'라 불린다. 보통 인공위성 궤도는 이 지대를 피하도록 설계되는데, 특히 차폐*되어 있지 않은 경우 방사선으로 인한 고장이 생길 가능성이 높기 때문이다. 그래서 방사선대 환경에 노출되는 항법위성들은 위성을 설계할 때 방사선 차폐 기술을 개발하여 피해를 최소화하고 안전한 운영을 유지한다.

정지궤도는 적도 상공 고도 3만 5,786킬로미터의 원형 궤도를 말한다. 주기가 지구 자전축의 회전 주기와 같은 궤도, 즉 지구 자전 속도와 같은 속도로 도는 궤도를 지구동기궤도 geosynchronous orbit 라고 하는데, 정지궤도는 지구동기궤도 중에서도 아주 특수한 경우이다. 정지궤도를 따라 공선하는 위성은 공전 속도가 지구의 자전 속도와 같아서 지상에서 보면 항상 같은 지점에 고정된 것처럼 보이기 때문이다. 이 궤도에 배치할 수 있는 위성 수는 제한적이다. 정지궤도는 기상·방송·통신·정찰 용도를 포함하여 인공위성을 운용하는 데 가장 이점이 큰 궤도인 데다, 공간적 한정성 때문에 극심한 궤도 슬롯 경쟁이 펼쳐지는 곳이기도 하다.

---

*   인공위성이나 탐사선의 전자기기는 지상보다 더 많은 방사선을 받기 때문에 적절한 방호 조치가 필요하다. 우주공간에서의 차폐란 우주 방사선으로부터 전자장치를 보호하는 조치를 의미한다. 민감한 전자장치를 알루미늄 합금으로 된 상자에 넣어 보호하는 방식이 보편적이다.

지구 궤도는 우주의 미래

각 국가와 기업은 정지궤도 공간을 선점하기 위해 자원 경쟁을 펼친다. 정지궤도위성은 특정 경도 상공에 머무르면서 대륙 규모의 커버리지를 갖는다. 지구 적도 둘레는 360도뿐이므로, 주파수·빔폭 beam width 같은 조건의 간섭 없이 위성을 운용할 수 있는 경도 슬롯 수는 유한하다. 특히 대서양과 태평양 해양 중간은 대도시권 중심에서 활용 가능한 유리한 경도대다. 양 대륙을 동시에 커버할 수 있어서 국가 우주 자산과 지상망으로서의 가치가 높다.

이러한 '좋은 경도'를 차지하려면 고도의 기술력과 막대한 비용이 필요하다. 기술력과 재정력을 갖춘 국가와 기업이 유리할 수밖에 없다. 그래서 정지궤도 사용 권리를 확보하려는 국제적인 협력과 갈등이 빈번하게 발생한다. 정지궤도위성의 다양한 활용 가치에 따라 공간을 선점하려는 경쟁은 점차 치열해지고 있고, 위성 기술 발전과 우주산업 확대에 중요한 영향을 미치고 있다.

저궤도에서의 경쟁도 치열해졌다. 2025년 기준 지구 궤도에서 운용 중인 인공위성 가운데 85퍼센트 정도가 저궤도에 집중되어 있다. 특히 미국 스페이스X의 스타링크 Starlink 와 아마존의 카이퍼 Kaiper , 영국의 원웹 Oneweb 등 민간기업의 대형 군집위성 mega constellation 이 급증한 것이 주요 원인이다. 대규모 군집위성 운용은 저궤도의 밀도를 증가시키고, 이는 곧 충돌 위험의 증가로 이어진다. 궤도 밀도의 증가로 우주 쓰레기를 포함한 우주물체와의 충돌 가능성이 높아지리라는 케슬러 신드롬 Kessler syndrome 시나리오가 더욱 현실화되는 셈이다.

위성을 제작하고 발사하는 비용이 급감하여 우주로 나가는 진입장벽이 낮아지면서, 국가 차원을 넘어 민간기업이나 개인도 초소형위성이나 큐브위성 cubsat, 나노위성을 발사하는 시대가 되었다. 문제는 소형위성은 충돌 위험을 회피할 궤도 조정 기능이 부족하고, 임무를 다하고 난 뒤에는 방치될 가능성이 높다는 것이다. 제어가 불가능한 위성, 폐기되어 버려진 위성, 발사체 잔해는 모두 관리되지 않는 채 우주를 떠돌고 궤도를 차지하면서 우주환경을 악화시키는 주요 원인이 된다.

지상에서는 우주상황인식 시스템으로 궤도 환경을 추적하는데, 궤도 밀도가 증가하면서 관측 인프라가 추적할 수 있는 커버 범위를 벗어난 상태다. 우주상황인식 시스템은 우주물체들을 관측해서 목록화하는데, 그 수가 급증하면서 관측 횟수에 제한이 걸린다거나 서로 근접한 우주물체를 식별하는 데 난항을 겪는 등 기술적 한계에 부딪혔다. 이로 인해 우주물체 궤도 예측에 오차가 증가하고 통신 지연이 발생하면 실시간 회피가 어려워지기에 충돌 위험이 커진다. 충돌이 일어나면 추가로 많은 파편이 만들어질 테고, 새로 생겨난 파편들이 또다시 충돌을 일으키면서 연쇄반응이 나타나기에 더더욱 위험하다.

정지궤도도 마찬가지다. 한정된 궤도에 수많은 인공위성이 몰리면 통신 간섭 위험과 충돌 위험이 모두 발생할 수 있다. 결국 실시간 모니터링 체계의 정교화가 중요하지만, 그것만으로 모든 위험을 막을 수는 없다. 특히 기동 중인 인공위성은 자체적인 궤도 정보를 공유하지 않는 한 충돌 위험을 예측할 수 없다.

결국 위성 간 자율충돌회피 시스템을 갖추거나 모든 궤도 운용 위성들이 궤도 정보를 공유해서 서로서로 충돌회피기동을 수행하도록 해야 한다. 그전에 특정 궤도의 고도별 위성 운용 밀도 상한제를 도입하거나, 위성에 임무 종료 후 5~10년 안에 자동으로 폐기 궤도로 이동하는 디-오빗 de-orbit 모듈을 탑재하도록 의무화하는 것도 하나의 방법이다.

지구 궤도는 단순한 '공간'이 아니다. 지구 궤도는 인류 문명의 필수 기반이다. 이 궤도가 무질서해지거나 지속 가능성을 위협받는다면 인류 공동재산 영역이 유지되지 못하는 상황에 도달할 수 있다. 지구 궤도를 지키는 일은 우주의 미래를 지키는 일이다. 따라서 우리는 위성의 궤도 설계부터 운용, 폐기 전략까지 모든 단계에서 지속 가능성을 고려해야만 한다.

하늘 너머는
공공재일까 공유재일까?

지구 궤도의
유한성을 질문하다

'지속 가능성'이라는 개념은 1987년 개최된 세계환경개발위원회 World Commission on Environment and Development; WCED 에서 제시된 유엔 United Nations; UN 의 〈우리 공동의 미래 Our Common Future 〉(브룬트란트 보고서)에서 공식화되었다.

  '지속 가능성'이란 사전적 의미로는 견디는 능력, 특정한 과정이나 상태를 유지하는 능력을 말한다. 1970년대에 지구의 '환경보호'라는 소극적 개념에서 시작되었고, 1980~1990년대를 거치면서 '지속 가능 발전'이라는 적극적인 주제로 전환되었다. 지금까지 인류가 경제 성장을 목표로 기술과 제도를 최적화하는 경로로 발전해왔다면, 지속 가능성은 경제 성장뿐 아니라 사회적·환경적 차원을 포함하는 데까지 목표를 확장한다. 즉 현세대의 필요를 충족하되 미래세대의 가능성을 파괴하지 않고, 인간 사회가 주변 환경과 조화를 이루며 자유롭게 발전의 기회를 갖는다는 의미를 지닌다. 이러한 개념은 인구 증가와 경제 성장 가운데 파생되는 전 지구적인 문제를 해결하여 자연과 공존하면서 풍요로운 삶을 누리고자 하는 의지에서 비롯되었다.

이제 지속 가능 발전은 지구에서뿐만 아니라 지구 밖 우주에서도 인류가 지향해야 할 방향이다. 나사는 2024년에 발간한 〈나사의 우주 지속 가능성 전략 NASA's Space Sustainability Strategy 〉에서 우주 지속 가능성 space sustainability 을 '우주활동을 미래에도 유지할 수 있도록 안전하고 평화로우며 책임감 있는 방식으로 우주환경을 보존하고, 지상 생명체에 대한 피해를 제한하면서 현세대의 요구를 충족하는 능력'으로 정의했다.

우주개발의 지속 가능성은 학문·군사·일상생활 모든 측면에서 현세대는 물론 미래세대를 위해서도 필수적이다. 특히 지구 궤도에 의존이 증가하면서 우주의 장기적이고 지속 가능한 사용은 전략적·경제적 문제와도 얽히고 있다. 즉 우주의 평화적 이용과도 연결성이 커졌다.

보다 구체적으로는 네 가지로 나누어볼 수 있다. 우주물체 사이의 충돌을 방지하거나 우주 방사선으로부터의 오염을 방지하여 기능적 상태를 유지하는 '물리적 지속 가능성', 위성과 우주 인프라를 효율적·자율적으로 운용하며 재활용과 유지를 가능하게 하는 '기술적 지속 가능성', 국제적 합의와 규범으로 우주공간을 공정하고 안전하게 사용하도록 조율하는 '법적·제도적 지속 가능성', 마지막으로 특정 국가나 기업의 이익에서 벗어나 미래세대와 전 인류의 권리를 고려하는 '윤리적·세대 간 지속 가능성'이다.

우주 지속 가능성 문제는 지구 궤도가 '공공재 public goods'** 문제에서 '공유재 common pool resourves'*** 문제로 변화하면서 촉발되었다. 실제로 지구 저궤도와 정지궤도 같이 인공위성에 유용한 궤도는 점차 제한되는 실정이다. 예를 들면 스페이스X가 쏘아 올린 수천 기의 군집위성 스타링크가 운용되는 궤도에서는 다른 인공위성을 운용할 수 없다. 결국 궤도를 조정하여 같은 궤도에서의 간섭이나 충돌을 피하지 않고서는 추가로 인공위성을 배치할 수 없다는 뜻이다.

---

* 어떤 경제 주체에 의해서 생산이 이루어지면 구성원 모두가 소비 혜택을 누리는 재화 또는 서비스를 말한다. 경제학적으로 봤을 때 비경합성과 비배제성을 특징으로 한다. 우주환경의 물리적 특성과 궤도역학을 고려하여 전통적 관점에선 우주의 사용을 비경합적인 것으로 여겨왔다. 지구 주위의 우주공간은 방대하기에 한 주체가 궤도에 위성을 배치하더라도 다른 주체가 위성을 궤도에 배치하는 데 크게 방해하지 않는다고 여겼기 때문이다.

** 공유재는 배제성을 가지지 않지만 경합성을 보인다는 측면에서 공공재와 다르다. 즉, 사유화할 수는 없지만 많은 사람이 공유하며 이용하기에 바닥날 가능성이 있다. 우주가 아무리 광대하더라도 어느 정도 상업적 가용성을 충족하는 장소는 제한적이다. 예를 들어 광대역 통신을 제공하는 위성군constellation의 경우, 게임·내비게이션·인터넷 애플리케이션에 충분히 빠른 지연시간latency(데이터가 위성까지 전송되어 돌아오는 데 필요한 시간)을 보장해야 하는데, 이를 위해선 현재 위치 혹은 확장 위치를 지구 저궤도에 배치해야 한다. 새로운 위성과 그 밖의 우주 자산이 특정 지구 궤도와 전자기 스펙트럼에 몰려들면 혼잡congestion이 발생한다.

스페이스X의 스타링크는 4만 2,000기의 발사를 계획하고 있고, 원웹은 6,000기 이상, 아마존의 카이퍼 프로젝트와 중국 우주 인터넷 프로젝트 첸판千帆은 1만 5,000기 발사를 목표로 하고 있다. 저궤도에서의 대규모 군집위성 급증은 궤도 혼잡으로 이어졌고, 운영 밀도의 증가는 우주 쓰레기의 증가뿐만 아니라 주파수 간섭과 궤도 중복, 불필요한 자원 중복 소비 등 다양한 문제를 발생시키고 있다.

케슬러 신드롬의 현실화

미운영 위성의 방치와 충돌로 발생하는 파편이나, 위성공격무기anti-satellite weapon; ASAT를 사용한 의도적 파괴 실험 혹은 발사체 상단의 폭발로 생기는 잔해물들은 우주 쓰레기의 직접적인 증가 원인이다. 이는 특히 국제우주정거장 같은 유인기지의 안전을 위협하고, 후발 진입국들의 우주 접근을 저해한다. 더 큰 문제는 위성이 군사와 민간에 이중 용도dual-use로 사용될 수 있어서 공격 주체를 식별하기 어렵다는 점이다. 그렇다면 책임 추적이 가능할까?

　중국은 2007년 평윈 1C風雲-1C를 요격해 3,000개 이상의 파편을 발생시켰고, 인도는 2019년 저궤도위성을 요격해 400개 이상의 파편을 만들었다. 러시아가 2021년에 퇴역한 첩보위성 코스모스 1408Kosmos 1408을 파괴하면서 국제우주정거장이 비상 회피기동을 한 사례까지, 우주에서의 군사적 공격 또는 의도적 무력 충돌은 우주 지속 가능성을 위협하는 핵심요소다.

지구 궤도에서 인류의 활동이 증가하고 활발해짐에 따라 실제 우주활동으로 인한 위험을 인식이 따라가지 못하고 있다. 우주시대가 시작되면서부터 지구 궤도에 남은 우주물체를 추적하는 일의 중요성은 인식되어 왔지만, 활동 중인 인공위성과 우주 쓰레기가 충돌할 위험은 상대적으로 고려되지 않았다. 우주 쓰레기는 우주시대가 시작된 이래로 계속 존재했지만, 그 중요성은 1970년대 후반 우주 쓰레기를 줄이려는 노력이 시작된 지 수십 년 후에야 부각되었다.

도널드 J. 케슬러 Donald J. Kessler 는 지구 저궤도의 밀도가 어느 수준을 넘으면 물체들 사이에 충돌이 일어나고, 충돌로 우주 쓰레기가 발생하면서 밀도가 또 높아져 충돌 가능성이 계속 높아지는 연쇄반응이 일어날 것이라고 예측했다. 그 결과 궤도에 우주 쓰레기들이 들어차서 우주탐사가 불가능해지고, 심지어 오랜 세월 동안 인공위성을 발사할 수 없게 될 것이라고 경고했다. 이 우주개발 최악의 시나리오는 그의 이름을 따서 '케슬러 신드롬'이라고 불린다. 케슬러가 예측한 우주재난은 2000년대 중반부터 중요한 이슈로 떠올랐으며, 인류의 우주활동이 우주 교통량과 우주 쓰레기의 증가로 이어지고 있는 지금, 당장 해결해야만 하는 현실이 되었다.

2025년 10월 현재, 궤도에서 발견되어 등록된 우주물체는 6만 6,000개가 넘는다. 그중 현재 지구 궤도에 남아 있는 우주물체는 3만

2,000개 정도이고, 그 가운데 1만 4,000개 정도의 인공위성이 운용 중이다. 43퍼센트의 인공위성만이 운용되고 있으며, 나머지 57퍼센트가 우주 쓰레기로 남아 있다는 소리다. 2021년대에 우주물체는 2만여 개였는데, 4년 만에 1만 2,000여 개가 더 증가해 총 3만 2,000여 개가 되었다. 그동안 대형 군집위성들이 많이 발사되었지만, 특히 스타링크는 지구 궤도의 인공우주물체 가운데 30퍼센트를 차지하고, 운영 중인 위성으로 좁히면 수치가 70퍼센트로 증가한다.

앞으로 많은 새로운 인공위성이 전기 추진을 사용하면서 장시간 빈번한 기동이 가능해질 것이다. 자동화된 기동 기능을 사용하는 인공위성도 많아질 것이다. 그런데 역동적인 우주 운영은 오히려 우주 환경의 예측 가능성을 떨어뜨린다. 인공위성이 기동 중일 때와 기동된 후에는 위성의 궤도가 달라지기에 다른 우주물체와의 잠재적 충돌 위험을 안정적으로 예측하기 어렵기 때문이다. 이는 자동화된 기동 기능을 사용하는 위성이 많아질수록 위성 간 충돌 위험을 피하기 위해 더 빈번하게 기동해야 한다는 모순으로 이어진다. 결국 인공위성의 기동 기간이 길어지거나 빈도가 잦아질수록, 혹은 규모가 커지고 자동화될수록 우주 운영이나 작전의 복잡성·불확실성은 오히려 증가한다.

위성의 운영 환경을 감지하고 예측하는 능력을 개선하고 불확실성을 줄이는 역량을 키우는 일이 더욱 필요해진 이유다. 우주상황인식과 우주교통조정을 비롯해 태양 조건에 따라 변화하는 우주환경

space weather 을 이해하고 예측하는 일까지 모두 우주 지속 가능성에 필요한 도전 과제다.

지속 가능성의 과학, 궤도역학

로켓과학, 우주를 향한 첫 번째 도약

인류가 우주를 도달 가능한 공간으로 인식할 수 있던 건, 로켓과학의 이론 정립과 발전 덕분이었다. 우주발사체 launch vehicle 는 수십 톤, 무거우면 수백 톤까지 나간다. 이 무게를 띄우고 지구 바깥으로 내보내려면 그에 맞는 물리력과 설계가 필요하다. 인간은 어떻게 지구 궤도를 넘어 달과 화성까지, 중력의 한계를 벗어나 우주로 나갈 수 있었을까?

우주의 모든 행성의 움직임은 케플러의 법칙과 뉴턴의 만류인력 법칙으로 설명할 수 있다. 케플러는 티코 브라헤의 행성 운동 관측 자료에 기반하여 행성의 궤도에 관한 법칙을 정립하였고, 한 세대 뒤 뉴턴이 이를 수학적으로 연구하여 일반적인 원리를 수식화함으로써

역학과 중력에 관한 이론을 체계화했다. 뉴턴은 물체의 운동이 3차원의 절대공간 absolute space (유클리드 공간)*에서 일어나고, 그 운동은 우주 내에서 일어나는 어떠한 현상에도 영향을 받지 않고 항상 꾸준히 지속되는 절대시간 absolute time**에 의해서만 특징지어진다고 생각했다. 그래서 뉴턴의 제1법칙인 '관성의 법칙'은 모든 물체는 외부로부터 어떤 힘 force 을 받지 않는 한 일정한 속도(크기와 방향)를 유지한다고 정의한다. 질량이 일정한 물체는 선운동량***이 일정하다는 말인데, '외부로부터 어떤 힘을 받지 않을 때'라는 조건이 붙는다.

뉴턴의 제2법칙인 '가속도법칙'은 제1법칙 중 '외부로부터 어떤 힘을 받지 않는 한'에 관한 내용이다. 뉴턴의 제2법칙에 따르면, 힘은 '한 물체의 가속도는 그 물체에 가해진 힘에 비례하고 질량에 반비례하며, 가해진 힘의 방향으로 작용한다'라는 정의를 따른다. 즉, 가속도법칙은 질량과 가속도의 곱으로 힘을 정의한다. 뉴턴의 제2법칙은 로켓 추진력의 기초 개념이다.

뉴턴은 역학이론을 완성한 후, 이론을 질점계****와 강체*****에 적

---

*   절대공간이란 물체가 있든 없든 위치와 방향이 시간에 따라 변하지 않는다고 가정한 공간이다.
**   절대시간은 중력·온도·시간과 관계없이 외부 요인과 무관하게 균일하게 흘러가는 시간이다.
***   물체가 현재의 운동 상태를 유지하려는 관성의 크기를 말한다. 물체의 질량(m)과 속도(v)의 곱으로 계산한다(P=mv). 그래서 관성의 법칙을 다른 말로 '선운동량 보존의 법칙'이라고도 한다.
**** 질량은 있으나 크기와 형상을 무시할 수 있는 이상화된 입자(질점)들이 모인 집합을 말한다. 행성 운동처럼 크기나 변형이 중요하지 않은 문제를 계산할 때 사용한다.
***** 임의의 두 점 사이 거리와 내부 각도가 시간이 지나도 불변하는 이상화된 물체를 말한다. 회전하거나 넘어지는 등 몸통 전체의 움직임을 단순하게 다루고자 할 때 강체로 가정한다.

용하고자 제3법칙을 발표했다. 폐쇄된 계 closed system* 안에서 힘을 받은 물체는 힘을 가해준 물체에 크기는 같으나 방향이 반대인 힘을 가한다. 쉽게 말해, 모든 작용에는 그에 상응하는 반작용이 있다. 마찬가지로 로켓에서 연료를 뒤로 분사하면 그 반작용으로 로켓은 전진할 테고, 이 원리는 오늘날 로켓 추진 기술의 철학적 중심축으로 작용하고 있다.

뉴턴 외에도 우주를 도달 가능한 공간으로 꿈꾸고 로켓 개발에 일생을 바쳐 우주의 미래를 바꿔놓은 선구자들이 있었다. 콘스탄틴 치올콥스키, 로버트 고더드, 헤르만 오베르트, 세르게이 코롤료프, 베르너 폰 브라운이 바로 그들이다.

치올콥스키는 현대 로켓과학의 창시자로 불린다. 그는 열일곱 살에 쥘 베른의 소설 《지구에서 달까지》를 읽고 우주비행의 영감을 얻었다. 소설의 주인공 바비케인은 대포 탄환이 이론적으로 도달할 수 있는 빠른 속도를 근거로 거대한 대포를 이용해서 달로 가려고 하는데, 치올콥스키는 소설처럼 대포로 사람을 달까지 쏜다면 높은 가속도 때문에 탑승자들이 살아남을 수 없으리라고 생각했다.

현실 세계에는 중력이 존재한다. 뉴턴의 만유인력법칙에 따르면 지구에서는 물체가 거리의 제곱에 반비례하고 질량에 비례하는 가

---

* 폐쇄된 계는 외력을 무시할 수 있거나, 작용과 반작용이 계 안에서 상쇄되어 전체 운동량이 보존되는 공간이다.

속도로 지구 중심을 향해 움직인다. 쉽게 말하면 지구에서 위로 던진 물체는 언젠가는 중력에 의해 지표면으로 떨어진다. 그러나 던진 물체의 속도가 점점 빨라져서 어떤 특정 속도에 이르면 물체는 지구 중력의 속박에서 벗어나 영원히 지구로 돌아오지 않는다. 이 속도를 '탈출속도escape velocity'라고 부른다.

현실에서는 지구 탈출속도보다 느린 속도로 던져진 물체를 타고 달까지 가는 방법은 없다. 지구 중력권을 벗어나려면 지표면을 떠나는 속도가 탈출속도인 초속 11.2킬로미터 이상이어야 한다. 달 표면에서 달의 인력권을 벗어나려면 초속 2.4킬로미터의 속도가 필요하다. 지구보다 훨씬 큰 질량을 가진 목성이나 태양의 표면에서 탈출하려면 각각 초속 49.5킬로미터와 초속 617킬로미터라는 높은 탈출속도가 필요하다. 달과 화성을 탐험하려는 사람들이 처음으로 마주한 문제가 바로 이 '지구 탈출속도'를 현실에서 구현하는 일이었다.

치올콥스키는 본격적으로 우주로켓 설계와 우주여행에 관해 연구하면서, 추력* 방향 전환이 가능한 로켓엔진, 자체 엔진과 추진체를 포함하여 두 개 이상의 로켓단을 사용하는 다단계 로켓, 우주정거장, 액체 로켓엔진, 방향을 감지하는 자이로Gyro 센서를 활용한 자세제어attitude control 방법, 우주선에 출입하는 에어로크airlock 설계에 관해 500여 편의 논문을 발표했다.

---

* 로켓엔진이 로켓 몸체를 밀어주는 힘, 즉 추진력을 말한다.

1895년 파리의 에펠탑에서 영감을 얻은 치올콥스키는 만약 적도 위에 세운 탑의 높이가 지상 3만 5,790킬로미터에 이른다면 탑의 끝이 항상 하늘의 한 지점에 정지한 것처럼 보이리라고 생각했다. 바로 '치올콥스키의 탑'이다. 치올콥스키의 탑은 꼭대기가 중력 효과가 사라지는 '정지궤도'에 닿는데, 이 높이까지 탑을 만들어 우주 정류장을 만들면 우주로 나아가는 데 연료를 절약할 수 있으리라고 생각했다. 오늘날 우리가 지구의 자전 속도와 같은 속도로 공전하는 정지궤도위성을 띄우는 것과 같은 이치다.* 치올콥스키의 탑은 '우주 엘리베이터'라는 이름으로 재등장하기도 한다.

1903년, 치올콥스키는 '치올콥스키 로켓 방정식'이라 불리는 로켓모터의 속도증분 Δv (로켓엔진이 작동하면서 증가한 속도) 공식을 단독으로 유도했다. 속도증분이 로켓의 점화 전과 작동 후 질량비의 로그 값에 비례한다는 사실을 발견한 것이다. 이는 궤도 진입 속도나 로켓 연료량을 산출하는 핵심 공식이다. 이외에도 다단계 로켓의 개념과 필요성, 진공 환경에서 추진 작용의 효율성까지, 현대 우주비행의 이론적 조건과 우주선 설계의 핵심 공식을 탄생시켰다. 치올콥스키의 이론은 모든 궤도 계산의 근간이며, 우주비행 3대 법칙이라고도 불린다. 치올콥스키 탄생 100주년 되는 해인 1957년에는 스푸트

---

*   그래서 정지궤도위성은 지구에서 봤을 때 언제나 같은 곳에 위치한 것처럼 보인다. '정지궤도' 라는 이름도 여기서 유래했다.

니크 1호가 지구 중력을 벗어나 우주로 날아갔다.

1926년 최초로 액체연료 로켓 실험에 성공하고, 로켓의 자세제어 시스템과 발사대 설계를 도입한 로버트 고더드 역시 로켓과학의 선구자다. 그가 남긴 214개의 특허와 연구 성과는 인류가 우주로 나아가는 토대가 되었다. 나사는 우주개발에 큰 업적을 남긴 사람의 이름을 따서 우주센터의 명칭을 정했는데, 그중 하나가 '고더드우주비행센터 Goddard Space Flight Center; GSFC'다(나머지 2개는 '케네디우주센터 Kennedy Space Center; KSC', '존슨우주센터 Johnson Space Center; JSC'다).

독일 출신 미국인 베르너 폰 브라운은 독일의 헤르만 오베르트와 함께 V2 로켓을 개발하면서 로켓의 선구자로 올라섰다. 폰 브라운은 헤르만 오베르트가 1923년 출간한 《행성으로 가는 로켓》에서 로켓에 관한 영감을 얻었다고 말했으며, 로켓과 우주여행의 이론과 실제를 처음으로 접하게 한 인생의 인도자로 오베르트를 꼽았다. 우주비행 분야에서는 오베르트의 업적을 기려 달 뒷면에 있는 지름 60킬로미터의 크레이터 crater 와 1971년 3월에 발견된 소행성에 그의 이름을 붙였다.

냉전 시대 소련의 우주탐사를 이끈 천재 로켓과학자 세르게이 코롤료프는 독일에서 V2의 기술을 습득하고 돌아와 세계 최초의 대륙간탄도미사일 Intercontinental Ballistic Missile; ICBM 이자 세계 최초의 인공위성 스푸트니크를 궤도에 올린 R-7 발사체를 성공적으로 개발했다. 스푸트니크 충격 Sputnik crisis 은 미사일과 우주개발의 시작을 알렸고, 이후 R-7 로켓은 다단계 액체연료 추진체로 개량을 거듭하며 우주선 개발의 기폭제가 되었다. 마침내 1961년 4월 12일, 코롤료프는 보스토크Vostok 를 발사해 인류 최초의 우주인 '유리 가가린Yuri Gagarin'을 우주에 보내는 데 성공했다.

개발과 보존 사이,
궤도를 결정하는 핵심요소

중력장 안에서 운동하는 우주물체의 궤도역학은 뉴턴의 운동법칙과 만유인력법칙을 기초로 한다. 뉴턴의 운동법칙은 총 세 가지로 물체의 운동을 설명하며, 만유인력법칙은 두 물체 사이에 작용하는 중력의 크기를 설명한다. 이 두 법칙으로 우리는 위성의 궤도를 예측하고 계산한다. 이를테면 중력은 질량을 가진 물체 사이에서 발생하는 서로를 끌어당기는 힘을 의미하는데, 물체 사이의 거리와 질량에 따라 세기가 결정된다. 이는 물체의 궤도를 결정하는 핵심요소로 작용한다. 지구 주위를 도는 인공위성이 일정한 속도를 유지하는 이유는(즉, 위성이 궤도 내에 있다는 것은) 지구를 향하는 중력과 회전에 의해 위성이 밖으로 나가려는 원심력이 정확한 평형 상태를 이루기 때문인데, 이 균형이 궤도의 형태와 특성을 결정한다.

만약 두 물체 사이에 중력만 작용한다면, 케플러법칙을 이용해

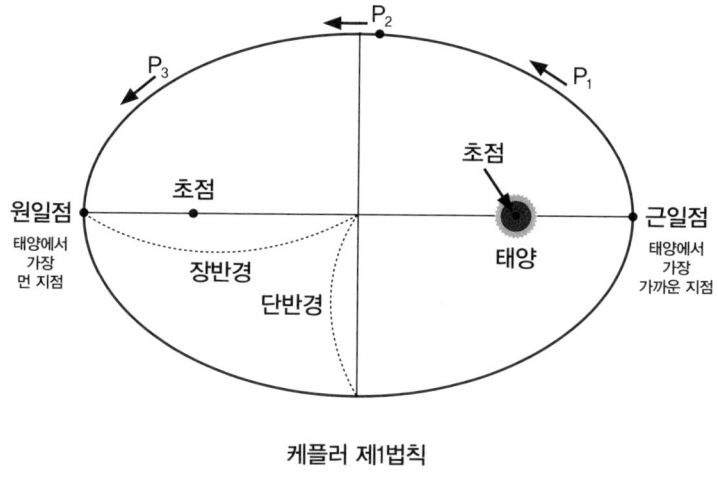

케플러 제1법칙

타원 모양의 궤도를 거의 정확하게 설명할 수 있다. 특히 케플러 궤도요소 여섯 개를 알면, 3차원 공간에서 천체의 궤도를 완전히 정의할 수 있다. 이 여섯 가지 요소는 궤도의 모양과 크기, 방향을 결정하고 천체의 정확한 위치와 움직임을 예측하도록 해준다.

케플러 제1법칙은 행성이 태양을 하나의 초점으로 하여 타원 궤도로 공전하는 원리를 설명한 법칙으로, 이때 태양에서 가장 가까운 지점을 근일점, 가장 먼 지점을 원일점이라고 한다(지구에서 가장 가까운 지점은 근지점이라고 한다). 이심률(e)은 궤도의 타원 정도를 나타내는 숫자이며, 0에 가까울수록 완벽한 구형에 가깝다. 타원 궤도의 긴 지름의 절반에 해당하는 장반경(a)은 궤도의 크기를 결정한다.

궤도의 공간적 방향은 궤도 경사각(i)과 승교점 경도(Ω), 근지점

인수(w)로 계산할 수 있다. 궤도 경사각은 궤도면이 지구 적도면과 이루는 각을 나타내는데, 궤도 경사각이 0도이면 적도 궤도를, 90도 라면 극궤도를 나타낸다. 승교점 경도는 궤도면의 방위를 보여주는 각도다. 천체의 궤도면이 기준면에 대해 기울어져 있을 때, 천체가 기준면 남쪽(아래)에서 북쪽(위)으로 이동하면서 만나는 점을 승교점 이라고 한다. 승교점 경도란 기준 방향인 춘분점에서부터 위성이 남에서 북으로 기준면을 통과하는 점까지의 방위각을 말한다. 마지막으로 근지점 인수는 천체의 근지점과 승교점 사이의 각도다.

궤도 모양과 크기, 방향을 나타냈다면 특정 시간에서의 위치는 진근점 이각(v)으로 알 수 있다. 진근점 이각은 근지점에서 현재 위성까지의 각도로, 시간에 따라 변한다.

물론 실제 궤도를 계산하려면 지구 중력장의 비대칭성, 다른 천체의 인력, 태양풍 같은 여러 섭동을 고려해야 한다. 태양계의 행성 궤도는 여러 상호작용을 하면서 시간이 지날수록 변화하기 때문이다. 그러나 기본적으로는 케플러법칙과 뉴턴의 역학법칙에 따라 결정되기에 위성의 궤도를 설명하려면 역학의 기본 개념을 이해해야만 한다.

지속 가능한 우주 운용은 케플러법칙을 기반으로 '공간 효율성'을 극대화하는 궤도를 설계하는 것에서 출발한다. 가능한 적은 추진력을 사용하여 궤도에 진입하거나 최소 에너지로 궤도를 변경하는 경로 최적화 방법은 인공위성의 수명을 연장시키고, 발사로 생기는 우

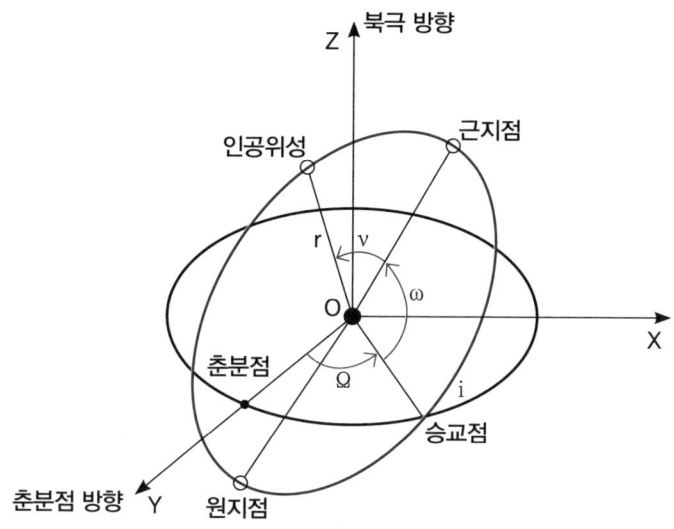

케플러 궤도요소

주 쓰레기 잔해를 감소시킨다. 비슷하게 인공위성의 경로나 회피기동 경로, 폐기 궤도를 설계할 때 속도 변화량이 최소가 되도록 하는 기술은 연료 소비를 감소시키면서 운용비를 절감시키고 파편을 최소화한다는 면에서 우주 지속 가능성 전략과 직접적으로 연결된다.

저궤도에서 희박하게 존재하는 대기와 마찰하면서 인공위성은 감속하게 되는데 이때 받는 감속력을 대기 저항이라고 하고, 대기저항을 수치화한 것을 대기저항계수 drag coefficient 라 한다.

저궤도위성의 경우, 고도별 대기저항계수를 최적화한 설계로 인위적 제거 필요성과 우주 쓰레기 축적을 감소시킬 수 있다. 다 쓴 위성을 저궤도로 이동시키면 위성은 대기 저항으로 인해 고도가 떨어지고 수년 내에 지구 대기권으로 추락하면서 소멸하는데, 이러한 자연 붕괴가 우주 지속 가능성 전략 가운데 하나로 활용될 수 있다는 것이다.

우주공간은 무한히 펼쳐진 것처럼 보이지만, 실제 운용 가능한 안정궤도 영역 orbital stability zones 은 극히 한정되어 있다. 특정 고도·경사각·이심률 조건에서만 장기적 안정성을 유지할 수 있기 때문에, 궤도는 물리적·경제적 의미에서 '귀중한 자산'으로 취급되어야 한다. 궤도역학의 기본 원리에 관한 이해 없이 이루어지는 무분별한 위성 배치, 우주 쓰레기의 방치는 결국 우주환경의 붕괴로 이어진다.

우주 지속 가능성은 단순히 우주를 오염시키지 말자는 윤리적 구호가 아니다. 궤도역학의 정확한 이해와 적용 없이는 효율적인 위성 운영이나, 충돌 위험 회피, 우주 쓰레기 제거, 안정적인 우주 인프라 구축이 이루어질 수 없다. 따라서 앞으로 우주개발은 궤도역학적 지속 가능성이라는 과학적 기준을 반드시 내재화해야 한다. 우주 지속 가능성은 궤도역학을 이해하는 능력에 비례한다.

임무 종료 후를
고려하는 설계 원칙

과거의 우주개발은 우주발사체 개발과 발사, 인공위성의 궤도 운영과 임무 수행 같은 우주 임무 달성에만 초점을 맞췄다. 하지만 이제는 인공위성 수가 증가하면서 우주 쓰레기가 급증하고 있고 우주 교통사고 위험 역시 확대되고 있기에, 궤도 설계 단계부터 지속 가능성을 필수적으로 고려해야 한다. 지속 가능 궤도 설계란 단순히 임무 달성만을 목표로 하지 않고 임무 종료 이후까지 고려하여, 위성 설계와 운용을 넘어 '어떻게 폐기할 것인가'까지 총체적으로 접근하는 설계 철학이다. 그렇다면 지속 가능한 우주 접근을 위한 위성 궤도 설계는 어떤 원칙을 가져야 할까?

최소 에너지 경로 최적화 | 가능한 한 적은 추진력을 사용하여 궤도에 진입하거나 궤도를 변경한다. 호만전이궤도 Hohmann transfer orbit[*]를 활용하거나 달 중력의 도움을 받는 등의 방법으로 연료 사용량을 최소화하고 발사체 질량을 절감하여 발사 횟수 및 탄소 배출을 최소화해야 한다.

---

[*] 같은 평면에 있는 서로 다른 두 원 궤도를 이동하는 데 쓰이는 타원 궤도를 말한다. 독일의 건축자이자 과학자인 발터 호만 Walter Hohmann 이 1925년에 작성한 논문 〈천체의 접근 가능성〉에서 처음 제시한 개념이다.

궤도 수명 관리와 자연적 소멸 설계 | 현재 유엔의 우주의 평화적 이용을 위한 위원회 Committee on the Peaceful Uses of Outer Space, COPUOS의 장기 지속 가능성 가이드라인 Long-term Sustainability Guideline; LTS Guideline에 따르면 저궤도위성은 임무 종료 후 25년 이내에 자연적으로 대기권에 재진입하도록 설계해야 한다. 대기 저항을 활용해 저궤도위성의 고도를 감소시키고, 대기권에 재진입하여 소멸하도록 하는 궤도 수명 관리는 위성을 인위적으로 제거할 필요성을 감소시키고 우주 쓰레기 축적을 방지할 수 있게 한다.

충돌 확률을 최소화하는 궤도 배치 분산화 | 동일한 궤도를 도는 군집위성이라도 경로를 미세하게 분산 배치해야 한다. 충돌 확률은 상대속도가 빠를수록, 접근 거리가 가까울수록 증가하는데, 궤도 경사각이나 위상 오프셋을 조절하여 충돌 위험을 분산시키면 우주상황인식 시스템의 부담이 완화되고, 비상 회피기동의 빈도가 감소하여 위성의 수명이 연장된다. 네트워크의 안정성 역시 향상시킬 수 있다.

회피기동 계획 설계 | 모든 운영 위성은 예비 연료와 추력기, 자동 충돌회피 소프트웨어를 기본 탑재해야 한다. 궤도역학에 따른 충돌 위험 예측은 완벽하지 않다. 현재 스타링크는 AI를 기반으로 하는 자율회피 시스템을 연구하고 있고, 이와 관련한 과학적 연구가 증가

하고 있다. 이를 이용하여 충돌 방지 확률을 향상시키고 인적 개입 없이 실시간 대응이 가능해지도록 설계하면 운용 비용도 절감될 것이다.

폐기 궤도 및 폐기 시나리오의 사전 설계 | 임무 종료 시, 궤도를 탈출하거나 안정된 폐기 궤도로 이송하는 폐기 시나리오 계획을 반드시 수립해야 한다. 폐기할 때 필요한 속도 변화량을 예측하여 연료 확보 계획을 세우고, 필수적으로 이행해야 한다. 저궤도의 경우 고도를 조정하여 대기 항력atmospheric drag 에 의한 자연 감쇠로 자연적으로 대기권에 재진입하도록 하고, 정지궤도의 경우 100~200킬로미터 이상의 무덤궤도graveyard orbit *로 상향 이동시켜야 한다. 이로써 장기적으로 잔해물이 방치되는 일을 방지하고, 운용 중인 위성과의 통신 간섭이나 충돌 위험을 줄이면서 우주 지속 가능성에 기여할 수 있다.

다중 사용자 환경 고려 | 궤도는 공유재이기 때문에 궤도를 설계할 때 동일 궤도 대역을 공유하는 타국이나 타기업 위성의 존재를

---

* 고도 약 3만 6,000킬로미터의 궤도를 말한다. 수명을 다한 인공위성을 올려보내는 궤도로, 인공위성들은 이곳에 수천 년 넘게 머무르는데 서로 부딪힐 확률이 매우 낮아 우주 쓰레기를 발생시키지 않는다. 무덤궤도보다 300킬로미터 정도 낮은 위치에 있는 정지궤도의 경우 지구 대기권으로 끌어내리는 것보다 무덤궤도에 올려보내는 것이 더 쉬운 폐기 방법이다.

고려해야 한다. 데이터 기반의 우주상황인식을 공유하여 운영에 협력하면 다자간 궤도 충돌 위험을 예방할 수 있다. 국제사회의 신뢰 증진과 데이터 투명성 강화는 우주 지속 가능성을 높인다.

인공 구조물 설계 시 재사용성과 수리 가능성 확보 | 인공위성이나 우주선, 모듈 등은 가능한 한 수리와 연료 보급, 재사용이 가능하도록 설계해야 한다. 궤도상 서비스On-orbit Servicing; OOS 나 궤도상 조립 및 제작On-orbit Servicing, Assembly, and Manufacturing; OSAM 개념을 확산하고 모듈형 설계를 표준화하여 비용을 절감하고, 임무의 유연성을 확보하여 우주 폐기물을 감소시켜야 한다.

파편 발생을 최소화하는 구조 설계 | 인공우주물체인 인공위성이나 발사체는 설계 단계에서부터 폭발 위험을 제거하고, 충돌했을 때 파편 발생을 최소화하는 구조를 채택해야 한다. 전기화학연료 시스템의 파열 위험성을 분석하여 재질을 강화하고, 소형 화재 사고가 발생했을 경우 2차 피해를 최소화하도록 대비하여 궤도 환경을 보전해야 한다.

지속 가능성 인증 추진 | 위성을 설계하고 발사하기 전, 국제적으로 인증된 지속 가능성 평가sustainability certification 를 통과해야 한다. 유엔 COPUOS의 장기 지속 가능성 가이드라인 같은 국제적인 인증

절차를 마련해 저품질·고위험 인공우주물체의 시장 진입을 차단하여 국제 신뢰도를 향상시킨다면, 지속 가능한 글로벌 우주경제 기반을 강화할 수 있다. 지속 가능성 인증 프로세스를 마련해 설계·제작·발사··운용··폐기에 이르는 전 생애주기 life cycle 동안 책임과 투명성을 확보하는 것이야말로 미래세대의 우주 접근권을 지키는 일이다.

2.

달, 인류 꿈의 전초기지

"우리는 달에 가기로 결정했습니다."

아폴로 11호, 상상을 현실로 만들다

달은 지구에서 38만 4,400여 킬로미터 떨어진, 지구의 유일한 자연위성이다.

인류는 달을 보며 우주개발의 꿈을 꾸었다. 우주를 향한 동경은 우리가 발 딛는 지구와 가장 가까운 달에서 시작되었다. 17세기 갈릴레오 갈릴레이가 망원경으로 달 표면에 산과 분화구가 있다는 사실을 최초로 확인하고 난 후, 달은 탐사의 대상이 되었다. 1957년 이후 우주시대에 접어들면서 달 연구는 급격하게 진전되었다. 달은 우주비행의 가장 이상적인 목적지인 데다, 달에 우주비행사를 보낼 수준까지 과학과 공학이 발전했기 때문이다.

미국 최초의 달탐사선 파이오니어 0호 Pioneer 0 가 실패하면서 구소련의 루나 1호Luna 1가 인류 최초로 달 근접 비행에 성공하는 기회를 얻었고, 이어서 루나 3호가 달 뒷면을 촬영하는 데 성공했다. 루나 9호는 미국 서베이어 1호Surveyor 1 보다 조금 앞서서, 세계 최초로 달에 착륙한 무인우주선으로 기록되었다. 달은 냉전 시대 우주 경쟁의 최전선이었다.

미국의 유인 달 탐사는 우주탐사에서 기선을 뺏기지 않으려는 결정이었다. 미국은 아폴로 계획에 현재 화폐 가치로 200조 원에 가까운 예산을 투입했다. 결국 1969년 인류 최초의 유인달착륙선인 아폴로 11호부터 아폴로 17호까지, 총 열두 명의 우주인을 달에 착륙시키면서 엄청난 산업적·사회적 파급을 가져오는 성과를 거둔다.

미국 플로리다주 케네디우주센터에서 새턴 5호 로켓으로 발사된 지 나흘 만인 1969년 7월 20일 20시 17분 40초, 달착륙선 조종사 버즈 올드린Edwin Eugene Aldrin Jr.과 사령선 조종사 마이클 콜린스Michael Collins, 선장 닐 암스트롱Neil Alden Armstrong이 탄 아폴로 11호는 인류 최초로 달 착륙에 성공한다. 우리는 이 세 사람을 "불가능을 가능하게 만든 사람들"이라고 부른다.

닐 암스트롱은 달착륙선 이글호Eagle에서 착륙 지점인 '고요의 바다sea of tranquility'에 내리면서 달 표면에 인류의 첫 발자국을 남겼다. "한 인간에게는 작은 한 걸음이지만, 인류에게는 위대한 도약이다." 닐 암스트롱의 말은 전 세계를 열광시켰고, 21.5시간이라는 잠깐의 방문은 더 큰 아쉬움을 남기면서 달에 관한 궁금증을 증폭시켰다.

아폴로 11호의 달 착륙 성공 이후, 아폴로 12호부터는 과학 장비를 설치하고 달 샘플을 수집했다. 아폴로 14호는 손수레로 월석을 날랐고, 아폴로 15호는 처음으로 달 표면에서 로버를 운용했다.* 아폴로 16호는 달 궤도에서 우주유영 Extra Vehicular Activity; EVA**을 했으며, 아폴로 17호가 지질학자 출신의 우주비행사를 태우고 월면 활동을 한 것을 끝으로 미국 유인 달 탐사 계획은 막을 내렸다.

1969년 달 착륙 이후 달은 오랫동안 '이미 도달한 목표'로 여겨졌다. 아폴로 17호 이후 우주 목표는 우주왕복선 space shuttle, 국제우주정거장, 대형 우주망원경 space telescope 과 태양계 탐사 등으로 다변화했다. 다양한 실용급 위성들의 임무 수행으로 인류의 생활과 기술에 패러다임 변화가 일어나기도 했다. 20세기 후반에는 미래 자원을 확보할 탐사로서, 또 지구의 기원과 생명체를 확인하는 과학 탐구로서 달뿐만 아니라 태양계 행성에서 무인 탐사가 이루어졌다.

---

*   아폴로 13호는 기계 고장으로 달 착륙에는 실패했지만, 안전하게 귀환했다.
**   우주비행사가 우주선 밖으로 나와서 우주공간을 떠다니는 것을 말한다. 최근에는 스페이스X와 함께 미국의 억만장자 재러드 아이작먼 Jarad Isaacman 이 민간인으로서는 최초로 우주유영에 성공했다.

아르테미스 시대, 달의 재부상

21세기 들어 달은 심우주 탐사의 교두보로서, 자원 채굴의 신대륙이자 지구 외 경제권 구축의 전초기지로서, 국가 간 혹은 민간기업 간 경쟁의 신무대로서 다시 부상했다. 아르테미스 계획을 시작으로 인류는 지속 가능한 달 거주와 활용을 본격적으로 준비하고 있으며, 단순한 탐사 목적이 아닌 우주 문명을 확장할 새로운 장을 열고자 도전하고 있다.

2022년 11월 15일 오후 3시 48분 미국 플로리다주 케이프커내버럴 우주군기지에서 우주발사시스템 Space Launch System; SLS 로켓이 임시 무인달궤도선인 오리온 Orion 을 싣고 발사되었다. 오리온은 열흘 동안 비행하면서 지상 6만 킬로미터 궤도까지 진입한 뒤 12일 오전 2시 지구의 태평양 연안으로 무사 귀환했다. 달 탐사 계획인 아르테미스의 첫 프로젝트였다. 오리온은 달 궤도를 26일 비행한 후, 귀환 과정에서 유인 달 탐사에서 활용할 만한 새로운 지구 재진입 기술을 실험했다.*

아르테미스 계획으로 미국은 21세기에 달 탐사 계획을 재가동했

---

*   오리온은 최대 네 명이 탑승할 수 있는 우주선으로 첫 번째 시험에서는 사람 대신 마네킹을 태우고 달 궤도를 비행했다.

다. 아르테미스 계획은 다시 달에 사람, 특히 여성과 흑인 우주비행사를 착륙시키겠다는 목표로 달 우주정거장까지 계획하고 있다. 최종 목표는 달을 화성이나 외행성 유인 탐사의 발판 삼는 것으로, 나사뿐만 아니라 세계 각국의 우주기구와 민간기업까지 연계된 거대 국제 프로젝트다.

아르테미스 계획이 실행되기까지 순탄치만은 않았다. 애초에 미국은 2020년에 달에 착륙하겠다는 목표로 2004년부터 컨스텔레이션 계획 Constellation program 을 추진했으나 예산 부족에 부딪혀 오바마 대통령 시절 결국 계획을 취소했다. 그러나 2010년에 아폴로 계획 당시의 새턴 5호와 똑같은 방식으로 우주발사시스템 로켓을 개발하는 쪽으로 새로운 프로젝트가 시작되면서, 경험이 많은 기존 항공우주기업들에 일을 맡기는 방향이 채택되었다. 그러면서 양쪽 부스터는 노스럽그리먼 Northrop Grumman 이, 엔진은 에이로젯 로켓다인 Aerojet Rocketdyne 이, 중앙 발사체는 보잉 Boeing 이 제작을 맡았다. 이러한 결정에는 당시 중국과 러시아가 추격해온다는 압박감, 거대 항공우주기업과의 이해관계, 지역구 정치인의 입김이 복합적으로 작용했을 터다. 미국 대중 과학잡지 《사이언티픽 아메리칸》은 이를 두고 여러 기업이 나눠서 제작하고 조립한 '프랑켄슈타인 로켓'이라고 꼬집기도 했다.

나사는 아르테미스 2호 계획을 애초 예정되어 있던 2025년 9월에서 11월로 한 차례 미룬 후, 또다시 2026년 4월로 연기했다. 개발 일정이 늦어지면서 시간과 비용도 예상보다 크게 늘어났다. 아르테미스는 한 번 발사할 때마다 총 41억 달러가 드는데, 애초 예상한 5억 달러의 여덟 배다. 행성협회 The Planetary Society 는 지금까지 아르테미스 계획에서 로켓과 우주선 제작에 들어간 돈이 500억 달러에 이를 것으로 추정했다. 우주발사시스템 로켓에 238억 달러, 오리온에 204억 달러, 지상 인프라 개선에 57억 달러가 들었을 것이라는 계산이다. 지난해 11월 발표된 나사 감사 보고서에 따르면, 2025년까지 총 930억 달러의 예산이 들 것으로 예상된다. 그 사이 민간기업의 기술력은 일취월장했고, 지금은 나사가 요금을 내고 스페이스X가 개발한 유인 우주선을 이용하는 시대가 됐다. 그런 면에서 아르테미스는 올드 스페이스의 마지막 주자라고 할 수 있다.

아폴로 계획은 미국 단독으로 진행되었지만, 아르테미스 계획은 국제협력이라는 틀 아래서 진행되고 있다. 또한 아폴로 계획이 단순히 우주비행사를 달로 보내 기초적인 탐사를 하는 데 그쳤다면, 아르테미스 계획은 인류의 지속 가능한 달 방문을 실현하고자 한다. 단발성 이벤트로 끝내지 않고 달을 포함하는 영역까지 유인 우주 탐사의 지평을 확장하겠다는 의미다. 달을 공전하는 우주정거장, 루나 게이트웨이 lunar gateway 의 건설은 지속 가능한 달 방문의 가능성을 높이고, 달 표면에 달에 접근할 전초기지로서 달 기지 lunar base 를 건설하는 데 기여할 것으로 보인다.

아르테미스의 주요 과학적 과제는 월면에서 얼음의 존재를 밝혀내는 것이다. 레이더와 분광학 탐사 과정에서 남극 크레이터 안에 얼음 상태의 물이 10억 톤 이상 존재할 것으로 예측되었기 때문이다. 영구음영지역 Permanently Shadowed Regions; PSR 에 얼음이 존재한다면, 우주현지자원활용 기술을 활용해 전기 분해로 산소와 수소를 생산할 수 있고, 음용수로 활용하거나 로버나 착륙선의 연료로 보급할 가능성도 있다.

아르테미스 계획의 국제협력 원칙인 아르테미스 협정은 평화적 목적의 탐사와 투명한 운영, 탐사 시스템의 상호운영, 비상상황에서의 상호지원, 확보한 우주물체의 등록, 과학 데이터 공개, 아폴로 달 착륙지 등 역사적 유산 보호, 분쟁 방지, 우주 잔해물 최소화 등을 주요 내용으로 한다. 미국은 2020년 10월 일본, 영국, 이탈리아, 호주, 캐나다, 룩셈부르크, 아랍에미리트와 함께 아르테미스 협정을 출범시킨 이후 계속해서 협정 참여국을 늘려가고 있다. 우리나라도 2021년 5월 열 번째 국가로 서명했다.*

"누군가는 왜 꼭 달이어야 하는지, 왜 그곳이 우리의 목표인지

---

* 우리나라 다누리 Korea Pathfinder Lunar Orbiter; KPLO 에 탑재된 나사의 쉐도우캠은 아르테미스 계획에 기여하는 중이다. 쉐도우캠은 아르테미스 계획의 착륙 후보지 탐색을 위해 달 극지방 영구음영지역의 촬영을 담당했다. 우리나라는 달 표면을 관측하는 과학 탑재체를 개발하여 미국의 민간 달착륙선에 실어 보내면서 나사가 주도하는 상업용달탐사선서비스 Commercial Lunar Payload Services; CLPS 프로그램에도 참여했다. 우주에서 한국과 미국의 협력 강화는 아르테미스 계획의 참여 범위 확대와 우주 분야 연구자들의 국제 공동연구 참여 확대에 도움이 될 전망이다.

물어봅니다. 우리는 달에 가기로 결정했습니다. 우리는 1970년대가 오기 전에 달에 갈 것이며, 또 다른 탐사 임무를 찾을 것입니다. 이 일이 쉬워서가 아니라, 어려운 일이라는 점을 알기 때문입니다." 1961년 9월 12일, 당시 미국 대통령이던 존 F. 케네디의 말이다. 당시로서는 실현 불가능해 보이던 유인 달 탐사를 가능하게 하겠다는 각오가 느껴진다. 케네디 대통령의 말처럼, 또 지금까지 그래왔듯 앞으로도 미지의 세계를 탐구하고자 하는 인류의 끊임없는 의지와 지향이 인류 발전의 역사를 만들 것이며, 이 사실은 오늘날 더욱 명확해졌다. "달은 끝이 아니라 시작이다."

어제의 탐사는
오늘의 탐사와 다르다

루나 1호가 1959년 1월 2일 발사되어 4일에 달 근접 비행에 성공하면서 인류의 달 탐사는 시작되었다. 1969년 7월 20일 아폴로 11호가 유인 달 착륙에 성공한 이후 1972년 12월 아폴로 17호까지 유인 달 탐사가 수행되었고, 이후 달 탐사는 무인 방식으로 진행되었다.

아폴로 계획에 사용된 우주선은 하단부 로켓, 비행사들을 태우는 사령선, 기계장치들을 싣는 기계선, 마지막으로 착륙과 상승에 사용하는 착륙·상승선 등 네 부분으로 이루어졌다. 나사는 우주비행사들을 달에 보낼 때마다 그들과 함께 올라간 장비의 많은 부분을 의도적으로 폐기했다. 하단부 로켓들은 폐기된 뒤 지구의 대기권으로 재돌입해 연소되었다.

우주비행사들을 태운 우주선이 궤도에 진입한 뒤 보조 추진 로켓으로 밴앨런 복사대를 빠르게 지나 지구-달 천이궤도translunar trajectory[*]에 오르면, 사령선과 기계선, 착륙·상승선밖에 남지 않는다. 달에 가까워지면 우주선은 속도를 줄인다. 착륙·상승선은 사령선과 기계선에서 분리되어, 로켓으로 속도를 늦추면서 달 표면까지 내려간다. 이때 기계선은 달 궤도에 머물러야 하기 때문에 보조 추진 로켓을 점화한다. 우주비행사는 이러한 과정을 거쳐 달 표면에 도착한다.

임무를 마친 후 착륙·상승선은 착륙 시스템 대부분을 달 표면에 버린 채 우주비행사들을 싣고 궤도를 도는 사령·기계선으로 돌아가 재도킹한다. 승무원과 화물이 주 우주선으로 이동하면 착륙·상승선은 폐기된다. 이후에는 기계선 로켓을 다시 점화해서 달 궤도를 벗어나 지구로 향한다. 지구 대기권으로 재진입했다면 사령선의 우주비행사들은 낙하산을 이용해 바다에 착륙한다.

지구로 돌아온 사령선은 지구 궤도를 떠났을 때 전체 우주선 질량의 몇 퍼센트밖에 되지 않는다. 아폴로 계획에는 이런 식의 비효

---

* '천이'란 옮기어 바꾼다는 뜻으로, 궤도 천이는 한 천체의 궤도에서 다른 천체의 궤도로 옮겨 가는 것을 뜻한다. 천이궤도는 우주선이 한 궤도에서 다른 궤도로 옮겨갈 때 지나는 중간 경로의 궤도를 말한다.

율이 자리했다. 앞으로 달을 왕복하는 우주비행에서는 모든 단계에서 재사용을 활성화해서 효율성을 높여야 한다.

달 탐사가 활발해진 데는 기술 발달도 한몫했다. 특히 경량화를 중점으로 위성 제작 기술이 발달하면서 중소형 위성으로도 달 탐사가 가능해졌다. 통신 방식에서도 위성과 지상의 안테나 크기가 줄었고, X밴드 및 Ka밴드*를 사용하자 데이터 전송 속도도 현저히 증가했다. 또한 전기추력기로 고효율의 추력을 얻으면서 지구-달 천이궤도에 진입하는 장치 무게를 10분의 1 수준으로 낮추었다.

1990년대 들어서면서 미국은 과학기술위성의 성격을 띤 무인달탐사위성 클레멘타인 Clementine 과 루나 프로스펙터 Lunar prospector 를 각각 1994년과 1998년에 발사했다. 두 위성 모두 나사의 '짧은 기간에, 보다 좋게, 저비용으로Faster, Better, Cheaper; FBC'라는 개발 방식이 성공적으로 적용된 소형 위성이었다. 2003년 9월에는 유럽우주국에서 개발한 첫 달탐사위성 스마트원SMART-1 이 전기추력기를 비롯한 신기술을 적용하여 총무게의 25퍼센트 정도를 차지하는 연료를 탑재한 대신 무려 16개월에 걸쳐 달 궤도에 안착하는 기록을 세웠다.

---

*　　주파수 대역을 의미한다. 우주는 진공 공간이기에 지구와 통신하거나 데이터를 송수신할 때 공기 같은 매질을 활용할 수 없다. 그래서 별다른 매질 없이도 데이터를 전송할 수 있는 '전파'를 이용한다. 위성 통신용 주파수는 낮은 주파수대부터 높은 주파수대까지 크게 L밴드, S밴드, C밴드, X밴드, Ku밴드, K밴드, Ka밴드, V밴드로 나뉜다. 이때 X밴드는 8~12.5기가헤르츠, Ka밴드는 26.5~40기가헤르츠에 해당한다.

2004년 1월 14일 부시 미국 대통령은 '우주탐사 비전 vision for space exploration'을 선언했다. 나사는 이를 구체화하여 국제우주정거장이 완성되는 대로 우주왕복선을 퇴역시키고, 2008년부터 달에 무인우주선을 보내며, 2014년부터 유인우주탐사선을 개발하여 유인 비행을 하고, 2015년부터 2020년까지 인간을 달에 장기 체류시켜 화성 탐사를 위한 반영구적인 우주전진기지를 구축하겠다는 내용을 골자로 하는 우주탐사 로드맵을 발표하였다. 지금 시점에선 탐사 로드맵의 일정이 많이 미뤄진 듯 보이지만, 무인우주선을 비롯해 유인 비행과 유인 달 장기 체류, 화성과 우주의 탐사까지의 큰 그림은 여전히 유효하다.

1960~1970년대에는 미국과 구소련이 막대한 예산을 들여 달 탐사를 이끌어왔지만, 그 후 40년 넘게 흘러오면서 많은 나라가 달 탐사에 적극적으로 임했다. 근래 들어 미국이 달을 화성 탐험의 전진기지로 구축하고자 다시 본격적인 달 탐사 프로젝트를 시작했고, 유럽연합을 비롯해 일본·중국·인도·러시아 등 자체 발사 능력을 지닌 국가들도 달탐사위성 개발에 열을 올리고 있다. 2000년대 후반에 접어들면서는 많은 국가가 달 탐사 계획을 발표했고, 지하자원과 인간 거주기지를 확보할 목적으로 달 선점 경쟁에 돌입했다.

2009년 나사는 월면 관측용 인공위성인 달정찰궤도선 Lunar Reconnaissance Orbiter; LRO 을 달 궤도에 보냈다. 미국 케이프커내버럴 케네디우주센터에서 발사된 아틀라스 V-401 Atlas V-401 은 4.5일 후에 달궤도진입 Lunar Orbit Insertion; LOI 기동*을 완벽하게 수행하여 달 타원 궤도에 진입했다. 이후 5일 동안 네 번의 추가 달궤도진입 기동으로 시운전 궤도를 형성하고 10주 동안 본체와 탑재체를 점검한 뒤, 정상 임무 궤도에 안착하여 과학 임무를 시작했다.

당시 나사의 달정찰궤도선은 달 표면에서 100킬로미터 상공에서 레이저를 쏘았다. 레이저가 꽂힌 '과녁'은 인도우주연구기구 Indian Space Research Organisation; ISRO 가 달에 안착시킨 무인착륙선 '비크람 Vikram' 동체 외부의 반사경이었다. 나사가 이 실험을 한 이유는 레이저 반사 현상으로 달착륙선을 특정 월면으로 정확히 인도할 착륙유도장치를 만들 수 있으리라 보았기 때문이다. 현재 달에는 공중 어느 지점에서, 어느 정도 속도로 하강하면 특정 월면에 안착할 수 있다고 신호해주는 착륙유도장치가 전혀 존재하지 않는다. 지구의 공항에서는 비행기가 안전하게 착륙하도록 돕는 계기착륙장치 Instrument Landing System; ILS 가 있어서 활주로를 중심으로 항공기의 진입 방향과 높이, 거리를 항공기에 전파로 알려준다.

착륙유도장치 기술로 달에 기계착륙장치와 비슷한 장치를 설치한다면 달 착륙선은 자신이 내려야 할 위치를 가늠할 수 있다. 나사는 "미래에는 달에서 우주비행사들이 어두운 월면에 안전하게 착륙하고, 특정 우주선 옆에 정확히 내리는 일도 가능할 것"이라고 전망했다.

---

*   탐사선이 추력기를 사용하여 속도를 줄이면서 달 궤도에 안착하는 기동을 말한다.

인도는 달궤도선인 찬드라얀 1호를 성공시킨 후, 궤도선과 로버를 탑재한 찬드라얀 2호를 발사했지만 착륙에 실패했다. 이어진 세 번째 무인달탐사선 찬드라얀 3호는 2024년 세계 최초로 달 남극 착륙에 성공했다. 달 얼음 등 자원 탐사를 목적으로 탐사선이 착륙한 곳은 달 남극에서 가까운 남위 69도 지역이었다. 앞에서 잠깐 언급했듯이, 달 남극은 우주 강국들이 미래 달 기지 건설 후보지로 꼽는 곳이다.

 2004년 시작된 중국의 창어 계획은 탐사·착륙·기지 건설 3단계로 진행되며, 첫 단계인 달 탐사는 궤도 비행과 착륙, 회귀 3단계로 추진된다. 2007년 창어 1호는 달 궤도를 돌며 달 표면 3차원 지도를 완성했고, 2010년에 창어 2호가 이를 보다 정밀하게 완성했다. 2013년 창어 3호는 탐사로버 위투玉兎*를 보내 달 앞면을 탐사했고, 창어 4호는 세계 최초로 달 뒷면에 착륙하여 탐사까지 이어갔다. 창어 4호는 통신중계위성 췌차오鵲橋**를 달에서 6만 5,000킬로미터 떨어진 헤일로 궤도Halo orbit로 올려보내서 달착륙선 창어 4호와 지구의 베이징관제센터의 교신을 중계하는 데 성공했다. 달왕복선인 창어 5호와 6호는 달의 앞면과 뒷면에서 샘플을 채취해서 무

---

*   중국의 달 탐사로버 위투는 '옥토끼'라는 뜻으로, 달에 옥토끼가 산다는 전설에서 가져온 이름이다.

**   달 뒷면은 지구와의 통신이 어려워 중간에서 통신을 전달하는 중계위성이 필요하다. 중국의 달 중계위성인 췌차오는 '오작교'라는 뜻이다.

사 귀환했다.

2024년 5월 발사된 창어 6호는 달에 접근한 후 착륙선과 상승기를 분리시키고, 탐사선이 하강하는 동안 자율장애물회피시각 시스템으로 장애물을 자동으로 감지했다. 또한 가시광선 카메라로 달 표면의 밝기와 어둠을 포착하여 안전한 착륙 지역에서 높이 100미터 부근을 맴돈 후 레이저 3D 스캐너를 이용해 천천히 수직 하강하는 데 성공했다. 창어 6호는 달 뒷면의 샘플을 채취한 후 지구에서 발사된 지 53일 만인 2024년 6월 25일에 지구로 귀환했다. 2026년에는 창어 7호가, 2028년에는 창어 8호가 예정되어 있다. 2029년의 달 유인 탐사와 2030년대의 달 기지 완성까지 중국의 달 탐사 계획은 빼곡하다.

1969년 아폴로 11호의 달 착륙 이후 반세기 동안 달은 '도달했지만 돌아오지 않은 목적지'였다. 21세기 들어서 나사의 아르테미스 계획, 중국의 창어 계획, 인도의 찬드라얀 계획까지, 각국의 탐사 프로그램이 잇따라 부활하며 달은 다시 전면에 등장했다. 이러한 변화는 지속 가능한 거주와 상업적 인프라가 상시 운용되는 우주교통 생태계의 출현을 의미한다. 과거의 달 궤도가 몇 기의 탐사선과 중계위성이 드문드문 통과하던 조용한 공간이었다면, 이제 이 공간은 복잡하고 역동적인 운용 환경으로 변화했다.

시스루나,
우주 자산의 중심축

달은 어떤 곳일까?

1609년 갈릴레오 갈릴레이가 손수 만든 망원경으로 달에서 산을 발견하기 전까지 인류는 달이 매끈매끈한 구체라고 상상했다. 1969년 닐 암스트롱이 달에 인류의 첫 발자국을 남기고 달 표면의 흙과 암석을 채취해 오면서부터, 우리는 달을 더 자세히 이해하기 시작했다.

달은 지구보다 질량이 작고 중력장이 균일하지 않다. 지구의 질량과 질량중심의 위치를 이용해서 계산했을 때, 달의 질량은 지구 질량의 81.3분의 1 정도이다. 오늘날에는 달 둘레를 도는 인공위성의 궤도를 이용하여 달의 정확한 질량뿐만 아니라 내부의 질량 분포도 구할 수 있다. 달궤도탐색선이 달의 중력 섭동을 연구한 결과, 지구를 향한 쪽의 바다 분지가 밀도가 큰 물질로 차 있었다. 이렇듯 중력이 유난히 큰 장소를 매스콘(mass concentration; mascon)이라고 한다.

달의 크기는 케플러법칙을 이용해서 달까지의 거리*를 구한 다음, 달이 행성이나 항성을 가리는(차폐) 시간을 계산하여 측정할 수 있다. 달의 시직경**을 측정하는 방법으로도 가능하다. 달의 시직경은 각도로 31분('), 즉 약 2분의 1도이므로, 달의 지름은 3,476킬로미터로 추산된다.*** 달의 면적은 남극 대륙의 세 배 정도이며, 인류는 망원경으로 이 조그마한 달 표면에서 1만 개가 넘는 분화구를 찾아냈다. 분화구들은 우주의 먼지가 모여서 달이 생성된 초창기부터 존재한 달 역사의 산증인이다.

달은 공전 주기와 자전 주기가 같다. 달은 27.3일 간격으로 지구를 한 바퀴 돌 뿐 아니라 자신의 축을 돈다. 따라서 지구를 향한 면이 항상 일정하다. 달의 공전 궤도는 약간 타원형이며, 지구는 이 타원의 중심에서 조금 벗어난 지점에 있다. 그래서 달과 지구가 가장 가까울 때는 거리가 35만 4,400킬로미터이고, 가장 멀 때는 40만 4,320킬로미터이다.

아폴로 우주인이 설치한 지진관측소에 따르면, 운석 충돌이나 가

---

*   아폴로 11호는 달에 착륙한 후 달에 레이저 반사경을 설치했는데, 이 기술을 활용해서도 달까지의 거리 측정이 가능하다. 지상의 천문대에서 달에 레이저 광선을 보낸 후 반사경에 부딪혀 되돌아올 때까지의 시간을 측정하는 방식이다. 몇 년에 걸쳐 관측한 결과, 달은 매년 지구로부터 3.8센티미터씩 멀어지고 있다는 사실이 밝혀졌다. 또한 반사된 레이저를 분석하여 달 내부에서 유체 상태의 핵을 발견하기도 했다.

**   지구에서 관찰자가 본 행성 또는 항성의 겉보기지름을 말한다. 시지름, 각직경, 각지름이라고도 한다. 단위로는 초("), 분('), 혹은 도(°)를 사용한다.

***   지구의 지름은 1만 2,756킬로미터이다.

끔 일어나는 운석 구덩이의 침몰 등 일련의 약한 진동을 제외하면 달은 지진학적으로 매우 조용하다. 달에는 공기가 없기 때문이다. 그래서 아무리 작은 별똥별이라 하더라도 모두 운석이 되어 떨어진다는 위험이 있다. 아폴로 우주선이 달 표면에 착륙했을 때에도 그 충격으로 일어난 진동이 매우 느리게 감소해서 달이 거의 1시간 동안 울렸다고 한다. 아폴로 우주선이 설치해놓은 지진계에도 우주선들이 뜨고 내릴 때마다 받는 충격으로 달 전체가 1시간 정도 진동했다고 기록되어 있다. 인위적 개입을 제외하면 달은 때때로 작은 운석이 떨어지거나 가끔 산사태가 발생하는 고요한 우주다.

달에 대기가 없는 이유는, 지구처럼 산소와 수증기를 끌어당길 만한 중력이 없기 때문이다.* 달은 표면 중력이 작고 표면 온도가 높아서 가스가 날아간 지 이미 오래다. 달 중력은 지구의 6분의 1 정도인데, 중력이 약한 만큼 대기도 만들지 못하고 침식 작용도 일어나지 않는다. 그래서 닐 암스트롱이 남긴 발자국이 아직까지 잘 보존되어 있다.

대기가 없는 달에 착륙하려면 기술적으로 낙하산은 사용할 수 없다. 착륙할 때 분진 플룸plume이 확산하여 주변 장비가 파손되거나 시야를 상실할 가능성도 높다. 현재 달에 착륙할 때에는 추력을 뒤쪽이 아닌 앞쪽을 향하게 만드는 추진 역추력thrust reversal에 의존하

---

* 달의 대기압은 10^{-12}~10^{-11}bar 수준이다.

는데, 연료가 부족할 경우 충돌 위험이 커진다. 지구와 달의 거리는 평균 38만 4,400킬로미터이므로, 2.5초의 통신 지연도 발생한다. 만약 달의 뒷면에 착륙한다면 직접 통신이 불가능하고, 대기권이나 이온층이 없어서 전파 안정성도 매우 낮다. 달의 자기장 세기도 무시할 수 있을 정도로 작다.

달은 낮에는 섭씨 120도인 고온이었다가 밤이 되면 재빨리 식어서 섭씨 영하 160도까지 떨어진다. 극한의 온도 변화에 따른 열 확장과 수축의 반복은 재료의 피로를 누적시키고, 전력 소비를 급증시킨다. 은하계우주선 Galactic Cosmic Ray; GCR 과 태양 플레어 flare 에도 직접 노출되기 때문에 방사선에 노출될 위험도 매우 크다. 태양풍에 의한 정전기 현상은 장비 표면에 부착되어 장비를 손상시키는 요인이 되기도 한다.

미국의 서베이어호와 소련의 루나호는 달에 연착하여 달 표면을 탐색하고 분석했고, 아폴로 우주선은 달의 토양과 암석 수백 킬로그램을 채취하여 돌아왔다. 이제 우리는 달 표면이 잘 다져지지 않은 토양과 암석이 혼합된 얇은 층, 즉 표토로 덮여 있음을 안다. 이 표토는 달이 오랜 세월 운석과 충돌하면서, 기반암이 부서지고 흩어져서 가루가 되어 생긴 것이다. 월면 토양은 평균 입자 크기가 수십 마이크로미터 μm 에 불과하고, 표면이 거칠고 날카로운 미세 분진으로 이루어져 있어서 인간이 흡입할 경우 폐 건강을 위협한다.

달 주변 우주공간, 시스루나

과거에는 보호해야 할 우주공간을 지구 정지궤도 범위인 고도 3만 6,000킬로미터까지만 다루었다. 하지만 달 주변 공간까지 우주의 이용이 확장됨에 따라 인류의 관심 영역은 27만 2,000마일 이상으로 확장되었다. 달 주변 우주공간은 단순히 비어 있는 공간이 아니라, 국가안보·통신·항법을 비롯해 우주 자산 보호와 달 탐사, 자원 활동의 핵심 영역으로 계속 확대될 전망이다.

지구와 달의 영향권에 있는 공간인 시스루나cislunar 는 매우 방대하다. 시스루나는 지구와 달 사이 공간, 대략 38만 4,402킬로미터 범위로, 정지궤도를 넘어 달 궤도와 라그랑주점lagrangian point[*]을 포함한다. 달 주변 지역은 정지궤도보다 약 아홉 배 더 멀며^{**}, 궤도 주기가 주 혹은 일 단위로 반복된다. 지구와 달 주변 공간 사이의 일부 이동은 달을 넘어 1.5만 킬로미터, 즉 35GEO를 초과하는 다년간의 이동 궤적을 갖는다. 이러한 측정 단위는 선형 거리로 표시할 수 있지만, 시스루나는 3차원 공간이기 때문에 달 주변 공간의 부피는 정

---

* 칭동점秤動點이라고도 한다. 공전하는 두 천체 사이에서 중력과 위성의 원심력이 상쇄되어 실질적으로 중력의 영향을 받지 않는 평형점을 의미한다.
** 정지궤도 반경은 지구 중심에서 4만 2,164킬로미터 정도의 거리다. 식으로 표현하면 '1LD = 9.12GEO'이며, 이때 LD는 Lunar Distance의 약자로 달까지의 거리를, GEO는 Geostationary Orbit의 약자로 정지궤도를 의미한다.

지궤도보다 1,728배 더 크다.

원래 우리는 지구와 위성 사이의 궤도역학을 주로 계산해왔다. 그러나 인류의 활동 영역이 시스루나까지 넓어지면서 궤도 계산법에 새로운 요소를 추가해야 했다. 지구와 위성 간의 궤도역학을 처음 배울 때에는 세 가지 핵심 가정을 한다. 첫째, 지구와 위성, 즉 두 개의 천체만 존재한다고 가정한다. 둘째, 위성의 질량이 지구에 비해 매우 작아서 무시할 만하다고 가정한다. 셋째, 지구와 위성 모두 점질량point mass*으로 간주한다. 이 가정을 충족하는 시스템을 케플러 시스템, 즉 2체 문제라 할 수 있다. 이 가정에 따르면 원형, 타원형, 포물선형, 쌍곡선형으로 네 가지 유형의 궤도를 생성할 수 있다. 실제로 궤도의 기하학적 모양과 방향은 장반경, 이심률, 경사각, 상승점의 적경, 근일점 편각와 진근점 이각 같은 여섯 가지 고전적인 궤도요소로 설명된다. 이러한 고전적인 궤도요소가 수십 년 동안 평균궤도요소Two Line Elements; TLE**의 기반으로 사용되어 오면서 물체의 궤도 위치를 공유하는 데 사용되었다.***

---

*   하나의 점입자에 질량이 모여 있다는 가정이다. 실제로는 부피가 있지만, 크기가 매우 작거나 멀리서 관측할 때 점질량으로 간주하곤 한다.
**   위성의 궤도 정보를 두 줄로 요약한 데이터셋을 말한다. 이 두 줄로 위성의 현재 위치와 속도, 궤도 주기 등 다양한 정보를 계산할 수 있다. 인공위성의 위치를 정확하게 추적하고 예측하는 데 활용된다.
***   물론 이러한 가정은 시간이 지남에 따라 궤도가 변형하여 케플러운동과 차이가 커지기 때문에 일반적인 시간 범위 내에서만 사용할 수 있다는 한계가 있다.

그렇다면 달의 중력 효과를 시스템에 추가할 때 궤도는 어떻게 진화할까? 이때는 케플러운동과 달리 세 개의 물체가 존재하기에 우리가 그동안 가정했던 직관적인 개념이 대부분 무효해진다. 궤도는 더 이상 원형이나 타원형이 아니고, 더 이상 평면적이지 않으며, 더 이상 기하학적으로 쉽게 설명할 수 없다.

일반적인 시각화 방법으로 회전좌표계*에서 간소화된 원형제한 3체 문제를 가정해볼 수 있다. 원형제한 3체 문제란, 세 물체 중 하나가 나머지 두 물체에 영향을 미치지 않을 만큼 질량이 매우 작고, 두 물체가 완전한 원 궤도를 그리며 운동한다는 가정을 따른다. 즉, 지구와 달과 위성, 세 물체가 점질량으로 존재하고, 위성의 질량은 다른 두 물체에 비해 매우 작으며, 이때 지구와 달은 공통된 질량 중심 주위를 완벽한 평면 원 궤도로 회전하고, 각속도도 일정하다고 가정한다. 그러면 X축은 지구와 달을 연결하는 선상에 놓이고, Z축은 지구와 달의 공전 평면에 수직이고, Y축은 X축과 Z축 모두에 수직으로 표현되는 회전좌표계를 만들 수 있다.

물론 달 궤도는 엄밀히 원형이 아니고, 지구와 달도 점질량으로 간주될 수 없기 때문에 위 가정도 케플러 시스템과 마찬가지로 현실과 정확히 일치하지 않는다. 대안으로 특정 시간(시점)의 위치와 속도 벡터를 순간적인 고전적 궤도요소로 변환할 수 있지만, 이 값

---

*   기준점이 회전하는 동안, 그 회전을 반영해 좌표축을 함께 변형시킨 좌표계를 말한다.

은 매우 짧은 시간 동안만 유효하다. 결국 고전적 궤도요소는 시스루나 공간에서 위치와 속도 벡터를 정확히 변환하고 추적하는 데 필요한 수치적 정밀도가 부족하다. 정리하자면, 지구에서 충분히 멀리 떨어져 있어서 달의 영향력을 크게 받는 궤도에서는 평균궤도요소, 즉 TLE가 궤도 경로를 설명하는 데 도움이 되지 않는다. 그러므로 이러한 조건에서는 관성좌표계*에서 궤도 궤적을 수치적으로 추적하는 방법이 최선이다.

회전좌표계에서 정지해 있는 궤도는 매우 특수하다. 물체가 이 점 가운데 하나에 정확히 배치되면 영원히 그 자리에 머무르기 때문이다. 조제프 루이 라그랑주 Joseph Louis Lagrange 가 이러한 특수한 점을 처음 인식하고 연구했기 때문에, 우리는 이 점을 라그랑주점이라고 부른다. 평형점은 총 다섯 개(L1, L2, L3, L4, L5)가 존재한다.

우리는 일반적으로 구역을 정의할 때 주로 영향을 미치는 천체에 따라 공간을 구분한다. 달 주변의 다양한 공간을 이와 같이 분류하면, 특정 구역에서 역학을 지배하는 천체를 따라 태양·지구·달로 구분할 수 있으며, 지구 주변에 바로 인접한 지역, 지구와 달이 지배하는 지역, 지구·태양·달이 모두 지배하는 지역으로 나눈다. 자연스럽게 지구에 가까운 물체일수록 주로 지구 중력에 영향을 받으며,

---

* 뉴턴 제1법칙이 성립하는 좌표계를 의미한다. 즉, 관성에 의해 정지해 있거나 등속직선운동을 하는 모든 계를 의미한다. 반대로 가속좌표계는 좌표계가 가속도를 가져서 아무런 힘이 작용하지 않을 때에도 물체가 가속한다.

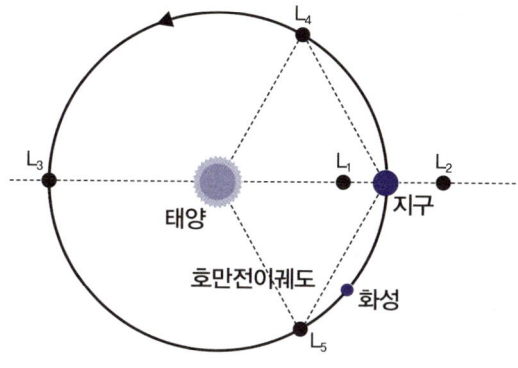

태양과 지구 사이 다섯 개의 평형점 위치

다른 천체인 태양이나 달의 중력 효과는 작아진다. 실제로 이 개념은 '영향권' 개념의 기반이 된다. 지구 중심의 근접 지역은 우주영역인식 활동이 집중된 영역이기도 하다.

달과 라그랑주점 주변에는 매우 특별한 성질을 지닌 다양한 궤도가 존재한다. 시스루나에는 달 영향권에 포함되는 불안정한 궤도가 존재하는 데다, 라그랑주점 중심의 비선형 동역학 환경으로 인해 복잡한 궤도역학이 생겨난다. 그런데 민간 달착륙선이나 루나 게이트웨이 등 상업 탐사가 확대되면서 시스루나 궤도가 더욱 혼잡해졌다. 기존의 우주상황인식 체계로는 궤도 예측에 한계가 존재하며, 중력장의 복잡성, 먼 거리로 인한 감시의 사각지대 탓에 시스루나 물체들에 관한 공공 카탈로그가 미비한 시점이다. 뒤에서도 설명하겠지만, 이는 정보 불균형으로도 이어진다.

관측 공백을 메워라!

관측은 우주공간에서 발생하는 현상의 단면을 제공한다. 우주상황인식은 가능한 한 많은 물체를 관측하여 데이터를 수집한다. 센서와 물체 사이 배열에 따라 관측의 내용과 가치가 달라지므로, 센서를 어디에 배치할지 전략적 결정이 필요하다. 센서에서 수집한 데이터는 일반적으로 '관측 데이터'라고 불리는데, 그중에서도 센서에서 직접 촬영한 이미지인 '원시 데이터'는 오류와 왜곡을 정제하고 기본적인 가공을 거친 후 초기 궤도 결정이나 궤도 업데이트 알고리즘에 사용된다.

달 주변 공간을 관측하는 데 유용한 관측 장비에는 여러 유형이 있다. 주로 망원경이나 레이저 같은 전자광학electro optic을 이용하는 장비와 레이더나 안테나 같은 무선주파수Radio Frequency; RF를 이용하는 장비로 구분한다. 다만 단일 센서로는 모든 달 주변 공간을 관측할 수 없다. 지구와 달의 물리적 위치와 상대적 회전 시스템으로 인해 전자광학 장비든 무선주파수 장비든 모두 관측 공백이 발생한다. 이 사실은 센서 협업 네트워크의 필요성을 강조한다. 센서 위치를 선택하는 일도 중요하지만, 결국 다양한 관점을 조합할 때 가장 넓은 커버리지를 포괄하고 최대한 많은 물체를 관측하여 달 주변 우주상황인식 품질을 높일 수 있을 것이다.

가장 일반적이고 비용이 낮은 설치 위치는 사실상 지구이다. 정지궤도를 관측하는 지상 기반 센서는 지구의 운동에 고정되어 있기 때문에 정지궤도와 자연스럽게 동기화된다. 거기다 정지궤도 거리에서 태양광을 받는 물체의 평균 밝기는 대부분의 센서 광학 감도 sensitivity 범위 내에 있다. 텔레메트리 신호 역시 중계위성 없이 위성에서 지상으로 직접 전송될 수 있다. 그러므로 지상에 설치된 센서가 지구 정지궤도 내 한 지점을 효과적으로 고정 관측할 수 있다면, 해당 센서의 시야 내에서 동일한 정지궤도 물체를 무한히 관측할 수 있다.

하지만 달 주변 공간인 시스루나의 물체 관측은 그렇게 간단하지 않다. 시스루나가 단순히 정지궤도를 확장한 개념이 아니기 때문이다. 가장 직관적인 문제는 시스루나까지의 거리가 엄청나게 멀어서 물체 탐지가 쉽지 않다는 점이다. 물체가 관측자에게서 멀수록 밝기는 자연스럽게 줄어들며, 이는 원격 탐지 능력의 감소로 이어진다. 달의 태양광 반사율, 즉 알베도 albedo 로 인한 관측의 어려움도 근지구 전자광학 센서의 도전으로 남아 있다. 또한 궤도 주기가 정지궤도보다 훨씬 길기 때문에, 궤도의 상당 부분을 커버하기 위해선 더 많은 관측이 필요하다.

지구는 달 주위 궤도의 물체보다 더 빠르게 회전한다. 그래서 센서와 물체 사이에 상대적 운동 차이가 발생하여 단일 센서가 단일 물체를 지속적으로 추적하는 일이 거의 불가능하다. 전자광학 센서를 활용하더라도 태양의 지구·달 시스템에 대한 추가적인 상대적 운동을 고려해야 하기에, 달 주변의 관심 지역에 기하학적으로 접근하게 되더라도 태양빛을 반사하지 못하는 조건에 들어갈 수 있다.

만약 센서를 지구 근처 궤도 너머에 위치시킨다면 어떻게 될까? 우주 기반 센서에도 지상 기반 센서처럼 추가적인 문제들이 있다. 접근성에 제한이 있고, 크기·무게·전력에도 제약이 있기 때문에 전송 대역폭과 온보드 처리 능력 사이에 균형 조정이 필요해진다. 원시 데이터를 온보드에서 처리하거나 직접 지구로 전송하는 방법 가운데 하나를 선택해야 한다. 우주 기반 센서의 잠재적 장점은 대기층이 없기에 빛의 산란이 없고, 낮과 밤의 제한을 받지 않는다는 점이다. 반면 지구 기반 전자광학 센서는 태양의 지구·달 시스템 주변의 겉보기운동 apparent motion*에 따라 지상 기반 센서와 동일한 주기로 빛 반사 조건을 갖는다.

달 기반 센서는 달의 중력에 주로 영향을 받는 센서를 의미한다. 따라서 달을 중심으로 한 기본 케플러 궤도(원형과 타원형)만을 포함한다. 달에 더 근접한 위치에 있으므로 많은 부분을 더 가까이서 관측할 수 있지만, 이 근접성 때문에 대부분의 궤도가 지구 저궤도처럼 매우 빠르게 움직인다. 궤도에서의 운동 속도가 빠르면 대상을 관측하는 데 재조정이 더 자주 필요해지므로 다른 궤도를 관측하는 센

---

*   실제로는 움직이지 않는 물체가 움직이는 것처럼 보이는 현상을 말한다. 천문학에선 지구의 자전, 지구와 태양의 상대적 운동 등으로 천체가 움직이는 것처럼 보이는 현상을 말한다.

싱 sensing 플랫폼으로는 적합하지 않다(물론 달 자체를 관측하는 데는 달궤도선이 가장 유용하다).

달은 중력장이 매우 불규칙하기에 장기간 안정적으로 유지되는 궤도가 극히 드물다. 불안정한 시스루나 공간에서 궤도를 유지하려면 필요한 연료량이 증가하고, 이는 우주선의 크기에도 영향을 미친다.

결국 지구와 달 사이 시스루나 전용 우주상황인식 네트워크를 구축해서 공동감시 인프라를 만들어야 한다. 예를 들면, 라그랑주 L1이나 L2, L2 주변의 근접직진헤일로궤도 Near Rectilinear Halo Orbit; NHRO에 공공 감시 플랫폼을 만드는 것이다.* 루나 게이트웨이와 연계해서 우주상황인식 센서를 탑재하여 탐사와 감시 이중 임무를 수행하도록 하거나, 우주망원경의 데이터를 연계해서 감시할 수 있을 것이다. 시스루나는 미래의 새로운 우주영역일 뿐 아니라, 우주 자산 운용의 중심축으로 자리 잡을 공간이다. 이 공간에서의 우주상황인식 역량 강화는 군사적 필요를 넘어 우주탐사, 민간 우주산업, 국제질서 형성의 전략적 기반이 될 수 있다.

---

* 시스루나 라그랑주점은 감시 사각지대를 제거하고 경보 체계를 구축하는 최적의 장소이다. 나사의 아르테미스 계획은 달의 주궤도에서 통신 및 감시 인프라를 점진적으로 구축하는 계획을 포함하고 있다.

감시 체계 없는
달 궤도는 안전한가

달과의 랑데부

달 궤도에만 우주선을 보내는 방법과 달에 사람을 보내서 달 표면에 착륙시킨 후 다시 지구로 돌아오게 하는 방법 사이의 고민은 단순하지 않다. 지구 표면과 달 표면을 어떤 방법으로 왕복할지는 달 유인 탐사에서 가장 중요한 문제였다.

'랑데부rendezvous' 기술은 두 대의 우주선을 서로 가깝게 접근시켜 상대속도가 0이 되도록 일치시키는 기술이다. 랑데부를 하려면 따라잡으려는 우주선과 동일한 궤도면에 진입해야 하는데, 정밀한 조종과 계산이 필수다. 충분히 가까워진 후에는 두 우주선을 서로 연결하는데, 이 기술을 도킹docking이라고 한다. 우주선의 속력은 초속 7킬로미터 이상이다. 서로 다른 궤도를 어마어마한 속도로 도는 우주선들의 속도를 맞추고 한 치의 오차도 없이 하나로 합치는 일련의 과정은 우주 기술 중에서도 난이도가 가장 높다. 지금도 국제우주정거장에 우주인을 보내거나 물자를 보내기 위해서 우주에서는 수많은 도킹이 이루어지고 있다.

달까지 우주선을 보내는 방식은 총 세 가지로 정리해볼 수 있다. 먼저 '직접 발사 direct ascent 방식'은 우주선 한 대로 달에 착륙한 후 다시 지구로 귀환하는 방식이다. 두 번째로 '지구 궤도 랑데부 Earth Orbit Rendezvous; EOR' 방식은 대형 달탐사선을 여러 로켓으로 나누어 쏘아 올려서 지구 궤도에서 도킹으로 조립한 후 달로 보내는 방식인데, 우주정거장이 이 방식을 따랐다. 마지막 '달 궤도 랑데부 Lunar Orbit Rendezvous; LOR' 방식은 연료와 산소를 채운 무인우주선을 먼저 달에 착륙시킨 후 유인우주선이 뒤따라 착륙하고, 임무를 마치고 이륙할 때 무인우주선에서 연료와 산소를 공급받아 귀환하는 방식이다.

나사의 항공우주 엔지니어 존 C. 후블드 John Hubolt 는 아폴로 11호의 달 착륙과 귀환에 달 궤도 랑데부 방식을 이용할 것을 제안했다. 이 방식으로 달탐사선의 크기가 기존에 연구되던 지구 궤도 랑데부 방식의 절반으로 줄었다. 아폴로 11호는 지구 저궤도에서 조립하지 않고, 지구에서 한 번에 발사했다. 달에 도착한 후에는 사령선(모선)과 착륙선이 분리하여 착륙선만 달에 착륙했다. 탐사를 완료한 착륙선은 이륙하여 모선에 재도킹하는데, 이때 착륙선은 버리고 모선만 지구로 돌아오는 방식이었다. 달 궤도에서 지구로 되돌아올 때 사용하는 추진체를 달 표면까지 왕복시킬 필요가 없기 때문에 우주선의 화물 중량이 감소한다는 장점은 있지만, 달 착륙선이 모선과 랑데부하지 못할 경우 우주비행사들이 지구로 귀환하지 못한다는 큰 단점이 있었다. 하지만 결국 이 방법으로 아폴로 11호는 세계 최초로 달에 착륙했다.

달로 가는 방법에 한 가지 더 중요한 점은 달로 가는 '길'을 정하는 것이다. 지구-달 천이궤도는 지구 저궤도에서 달 궤도로 진입하는 궤도다. 먼저 우주선은 지구 저궤도 또는 지구 주차궤도parking orbit*에서 지구-달 천이궤도로 들어서고, 비행 중에 궤도 조정을 위한 기동trajectory correction maneuver 을 수행한다. 마지막으로 달 궤도에 도착하면, 최종 임무 궤도에 들어가기 위한 달궤도투입기동Lunar Orbit Injection; LOI 을 수행한다.

지구-달 천이궤도 투입 방식은 크게 네 가지다. 발사 후 달까지 바로 가는 직접궤도전이 direct insertion 방식, 달탐사선이 지구를 중심으로 타원 궤도를 여러 번 돌다가 달까지 이동하는 위상궤도전이 phasing loop 방식, 달의 공전 속도와 비슷하게 천천히 접근하여 달의 중력장 안에 포획되는 준안정전이 weak stability boundary 방식, 태양의 힘을 이용해서 더 적은 에너지(추력)로 달 궤도에 접근하는 저추력전이 electric propulsion spiral 방식이다.

---

*   대기待機궤도라고도 한다. 예정된 궤도로 접어들기 전 임시로 지구 주위를 도는 궤도를 말한다. 주차궤도에 도착한 발사체는 어느 정도 궤도를 돌면서 장비 점검 등을 수행한 이후 본궤도로 접어든다.

아폴로나 루나 프로스펙터 같은 미국의 달정찰궤도선은 달 궤도 진입 시간이 짧은 직접궤도전이를 이용하여 달 탐사를 나섰다. 위상궤도전이 방식은 지구를 몇 차례 돌면서 근지점과 원지점을 여러 번 만나는데, 이 지점은 발사체의 투입 오차를 보정하기에 좋다. 따라서 중간경로수정기동 mid-course correction maneuver 의 수행이 원활하다는 점이 장점이다. 클레멘타인, 셀레네 Selene (혹은 카구야 かぐや), 창어 1호, 찬드라얀 1호 등이 이 방식으로 달 탐사를 수행했다. 일본의 히텐 ひてん 달탐사선은 준안정전이 방식을 사용해 지구-달 또는 지구-태양 간의 라그랑주점을 거쳐서 달 궤도에 들어섰다.

저추력전이 방식은 비추력이 높다는 장점이 있지만, 추력이 낮아서 달 궤도에 진입하기까지 1년 이상이 걸린다는 단점이 있다. 전기추진 전용으로만 고용량의 전력이 필요하고, 밴앨런대도 여러 번 지나가야 해서 방사능에 의한 피손 위험도 비교적 큰 편이다. 스웨덴이 설계한 유럽우주국의 달 궤도 인공위성 스마트원이 저추력전이 방식을 적용하였는데, 이온엔진을 사용하여 14개월 만에 달 궤도에 도착했다. 스마트원은 속도와 시간을 희생하는 대신 엄청난 양의 연료를 절약하면서 저추력전이 방식이 원거리 무인우주선에 유용하다는 사실을 입증했다.

달에 도달해서는 달에서 100~300킬로미터 고도인 달 저궤도 Low Lunar Orbit; LLO 를 이용한다. 아폴로 임무나 달 탐사 같은 과학 임무를 수행하는 달궤도선들이 이곳에 머문다. 루나 게이트웨이가 설치되는 궤도는 근접직진헤일로궤도, 즉 NRHO이다. NRHO는 달 근처를 길게 돌면서 달에 가까울 때는 달 북극에서 1,000킬로미터 떨어진 곳을 지나가고 멀 때는 달 남극에서 7만 킬로미터 떨어진 곳을 지나간다. 이 궤도는 항상 지구를 바라보기에 지구와 통신이 끊기지 않는다는 장점이 있다. 달 저궤도보다 추진을 덜해도 진입할 수 있는 궤도이기도 하다.

나사의 유인우주선 '오리온'을 탑재한 우주발사시스템 로켓은 지구 중력 밖 달전이궤도에 진입한 후 오리온 캡슐을 달로 가는 안정궤도에 올려놓는다. 달전이궤도에 오른 오리온은 자동항법장치 autopilot 로 달에 약 100킬로미터까지 접근한 뒤 중력을 이용해서 달의 뒷면에서 6만 4,000킬로미터까지 더 나아가는 '원거리역행궤도 Distant Retrograde Orbit; DRO'를 비행한다.

오리온 우주선을 타고 달 궤도까지 이동한 우주인들은 달 궤도에서 유인달착륙선 스타십 HLS Human Landing System 와 도킹해 옮겨 탄다. 달에 다가가면 스타십 HLS는 역추진으로 감속해서 루나 게이트웨이가 설치된 궤도인 NRHO에 진입한다. 오리온 우주선을 타고 온 우주인이 스타십 HLS로 이동하면, 스타십 HLS는 100킬로미터 상공의 NRHO를 떠나 달 저궤도에 진입한다. 달 저궤도에서 출발해서 달 표면에 착륙할 때는 먼저 달 남극 상공을 지날 때 고도를 충분히 낮추는 과정을 거쳐서 달 표면에 착륙한다.

이미 수많은 달탐사선이 달 궤도를 돌고 있다. 나사·유럽우주국·

중국국가항천국에서 계획하고 있는 신규 달 궤도 미션도 수십 개다. 다양한 목적으로 다양한 궤도에 달탐사선들이 몰리고 있어서 앞으로 지구 궤도처럼 달 궤도에서도 간섭과 충돌 위험이 증가할 전망이다. 앞으로 탐사선, 착륙선, 수송선이 동시다발적으로 달 탐사 경쟁에 뛰어든다면 달에서의 교통 혼잡은 예측 가능한 시나리오다. 궤도 진입의 오류나 도킹 실패, 기동으로 인한 충돌 위험은 달 궤도에서의 위험성을 높이고, 소규모 충돌이라도 파편은 오랫동안 생존하므로 장기적으로 달 궤도 환경에 악영향을 끼친다. 지구 저궤도에서 벌어진 상황이 달 궤도에서도 반복될 위험이 크다. 달 궤도에서도 우주상황인식과 우주교통관리의 필요성이 절실해지는 시점이 된 것이다.

달 궤도에 남은 질문들

달 궤도는 이제 과학 탐사의 무대를 넘어, 지속 가능한 우주경제의 교차로가 되고 있다. 아폴로 시대와 달리 유인 장기 체류와 과학의 상업적 활용, 다국적 기지의 공존까지 목표가 확장된 만큼 달 궤도와 월면 활동의 위험은 과거보다 훨씬 복합적이고 심각하다. 거기다 달은 지구와 전혀 다른 극한 환경이고, 우주 기술·정치 질서·경제 이익이 충돌하는 신규 전략 공간이다. 따라서 달 궤도와 월면 활동을 지속 가능하게 유지하려면 위협요소를 명확히 인식하고 대응 전략을 마련해야만 한다.

달 궤도는 인류의 두 번째 우주 교통망으로 빠르게 진화하고 있다. 달 궤도는 무인우주선뿐만 아니라, 유인우주선·월면착륙선·달 궤도정거장·중계위성까지 동시에 운용되는 복합적인 교통 환경으로 진화하고 있다. 이러한 변화 속에서 달 궤도에서의 우주상황인식과 우주교통관리는 필수적인 안전 인프라로 부상하고 있다.

달 궤도 환경에서의 우주상황인식과 우주교통관리 기술은 지구 저궤도에서와는 구조적·물리적·기술적으로 전혀 다른 과제를 던진다. 달에는 자기장 보호가 없으므로 전자기 교란이 크고, 달 표면 일부 지역에 질량이 과다하게 존재하는 매스콘이 있어 결과적으로 궤도에서 비정상적 중력 변동을 경험하게 된다. 질량이 불균일하기에 위성은 타원 궤도를 이탈하며 예측 불가능한 궤도 변이를 보인다. 나사의 GRAIL Gravity Recovery and Interior Laboratory 임무는 달의 중력장을 30차 이상의 구면조화 spherical harmonic 계수* 까지 측정하여 매스콘에 의한 중력 변칙 gravitational anomalies 을 정확히 파악했다. 결과적으로 달 중력의 요철에 영향을 받아 달 저궤도에 위치한 위성의 근지점 위치

---

* 달이 매끈한 구체라고 한다면 중력이 모든 곳에서 일정해야 한다. 하지만 실제 달은 내부가 고르게 차 있지 않고 위치마다 중력이 다르다. 이 중력의 울퉁불퉁함을 여러 층의 물결 무늬로 분해해서 숫자로 적는 방법을 구면조화계수라고 한다. 차수가 높을수록 더 미세하게 불균질함을 나타낼 수 있다.

가 평균적으로 3~7일 주기로 수백 미터 이상 이동한다는 사실을 밝혔다.

그래서 계획된 기동이 매스콘 영역을 지나는 중에 예상된 결과와 다르게 작용할 가능성이 존재한다. 달리 말하면, 회피기동의 불확실성이 커져서 충돌회피 명령 효과가 오차 범위 안에서 실패할 수도 있는 것이다. NRHO에 위치한 게이트웨이의 궤도 안정성도 매스콘 영향에 민감하기 때문에 주기적으로 궤도를 보정하여 기동해야 한다. 착륙선이 매스콘 근처의 낮은 궤도로 접근하는 경우 정확한 착륙지 도달에 실패할 가능성이 커지는 점도 운용에 위험요소로 작용한다. 그래서 달 저궤도 진입 궤도를 설계할 때는 매스콘 주요 지역을 회피하도록 설계해야 한다.

달 궤도는 대기가 없고, 지구 자기권 외부에 위치해 있어서 우주방사선과 태양풍, 전자기 간섭에 매우 취약하다. 고에너지 전자와 양성자는 전자기기의 단일 이벤트 업셋 Single Event Upset; SEU *을 유발할 수 있고, 통신 링크의 단절로 지상 명령을 전달하는 데 실패할 수도 있다. 이를테면, 달 궤도에서 사용되는 헤일로 궤도는 지구와 달의 라그랑주점 근처에 형성되어, 다른 궤도 간 공명 resonance 혹은 간섭 현상이 빈번하게 발생한다.

---

* 에너지를 가진 입자가 트랜지스터 내에서 전기 신호를 발생시켜 전자장비에 이상을 일으키는 현상을 말한다.

또한 달은 앞면만 지구에서 볼 수 있기 때문에 달 뒷면과 통신하려면 중계장치가 필요하다. 그래서 게이트웨이나 중계위성의 실시간 링크는 필수다. 이때 중계위성은 안정궤도면 equipotential zone 에 고정해야 한다. 달 주위를 공전하는 인공위성은 지구 궤도보다 궤도이탈 위험이 훨씬 크기 때문이다.

달에 대기가 없다는 것은 파편의 감속이 없다는 뜻이기도 하다. 따라서 충돌로 만들어진 고속의 파편들이 장기 생존할 가능성이 크다. 당연한 수순으로 루나 게이트웨이나 착륙선이 충돌할 경우 위험이 심각해진다. 중력이 낮은 만큼 역추력 기동의 민감성도 커지기에 섬세한 궤도 유지가 요구된다.

이처럼 달 궤도는 고유한 특성을 고려해야만 한다. 달 궤도는 지구보다 궤도 환경이 희소하고 감시 인프라가 적어서 우주상황인식에 더 고도화된 기술과 데이터 통합 체계가 필요하다. 그뿐만 아니라 현재 달 궤도는 충돌 위험 경보 체계가 없어서 국가별·기업별로 무분별하게 사용될 가능성이 크다.

선착순이 아닌 중요도에 따라

달 궤도는 더 이상 공허한 공간이 아니다. 수많은 탐사선이 교차하며 상호운용하는 교통지대로 변모하고 있다. 우주상황인식과 우주교통관리는 달 궤도 활동을 지속 가능하고 안전하게 만들 핵심 인프라이며, 지구와 달, 화성까지 연결하는 우주경제 생태계의 기반이다. 우주활동 증가에 따른 궤도 충돌 위험을 최소화하고 안전을 보장하기 위해 탄생한 우주교통관리는 원래 지구 저궤도와 정지궤도를 중심으로 발전해온 개념이지만, 달 궤도와 월면 활동이 확대되면서 지구 중심의 패러다임을 벗어나 달 궤도로 확장되었다.

달의 우주상황인식을 위한 감시 센서망은 지구 기반의 초장거리 레이더나 광학 관측기기, 그리고 달 궤도의 탑재형 센서들로 구성된다. 감시 센서에서 획득한 관측 데이터는 달 궤도를 도는 우주물체들의 궤도를 예측하고 충돌 위험이 있는 파편들의 실시간 경로를 추적하는 데 쓰인다. 지구와 달 사이의 거리에서 달 저궤도를 감시하기란 어렵지만 고속대역 레이더와 심우주관측망Deep Space Network; DSN을 활용하면 가능하다. 추후 달 기지가 건설되어 달 표면에 광학 관측 센서를 설치한다면 지상에서 달 궤도 우주상황인식 감시가 가능해질 것이다. 달 궤도정거장이나 중계위성에 초광각 감시 센서를 탑재하는 우주 기반 우주감시 센서도 고려해야 한다. 저비용의 초소형 위성이나 큐브위성으로 감시 네트워크를 구축하여 다중 위성이 서로의 궤도와 교차 위치를 실시간 감시하고 공유하도록 하는 방안도 고려할 만하다.

달탐사선과 달착륙선의 정보를 사전에 등록하고, 우주선 간 자동 회피 시스템을 가동하는 방법은 달 궤도 우주교통관리 시스템의 주요한 기능이 될 것이다. 현재의 우주상황인식과 우주교통관리 체계는 대부분 지구 궤도 전용으로 설계되어 있어서 달 궤도를 정밀하게 감시하는 센서 네트워크는 부재한 상태다. 달 궤도에서의 우주교통관리 운영을 위해서는 달 궤도 비행을 허가하는 것, 사고가 발생했을 때 사고를 조사하고 실시간으로 서로의 데이터를 교환하는 것, 간섭이 발생했을 때의 회피 기준을 표준화하는 것 등 운영의 안정성과 충돌회피의 기준을 만들어가야 한다.

달 교통관리의 무질서는 단순한 교통사고로 끝나지 않는다. 고속으로 충돌했을 때 생기는 수천 개의 파편은 달 궤도에서 수개월 이상 부유할 수 있다. 또한 착륙 경로의 중복이나 회피기동의 지연, 궤도 정보의 비공유는 치명적인 탐사 실패나 외교적 갈등으로 이어질 우려가 있다. 달 전용 규범과 국제협약이 존재하지 않는 지금, 달에서는 민간기업과 국가기관, 상업적 임무와 과학적 임무, 유인 탐사와 무인 탐사가 얽히면서 우선순위와 통제권 분쟁이 현실화된다. 달에서의 활동은 이미 본격화되었고, 우리에겐 달 궤도에 특화한 새로운 우주교통관리 시스템이 시급하다.

정리하자면 과학적 측면에서는 달 궤도역학과 중력 섭동 연구, 달에서의 파편 궤적과 궤도 설계가 필요하다. 기술적 측면에서는 우주상황인식 센서 개발을 비롯해 자율기동 기술, 충돌회피 기술, 통신 인프라 기술을 확보해야 한다. 정책적인 측면에서는 국제법과 거버넌스 모델 등 규범화 전략이 필요하다. 각각 독립된 전문 영역이면서도 하나의 통합적 시각이 필요하다.

   궤도는 '공간'이자 '자원'이다. 선착순이 아니라 배분 가능한 자산으로서 임무 중요도에 따라, 지속 가능성을 기반으로 한 할당이 필요하다.

3.

**화성,
그 너머 심우주를 향하여**

화성까지 가는
가장 효율적인 방법

**우주의 미래,
화성은 어떤 곳인가?**

이제는 인류가 화성으로 향한다는 말이 그다지 놀랍거나 새롭지 않나. 그만큼 인류는 오랜 세월 달을 넘어 화성에 나아가고자 노력하고 도전해왔다. 화성은 자전 주기가 24시간 37분 22.6초, 공전 주기가 687일로 지구인이 화성에 가서 산다고 하더라도 계절이 지구보다 두 배 정도 길다는 것 외에는 별다르지 않다는 점도 크게 작용했을 것이다. 최초로 화성으로 출발한 탐사선은 1962년 11월 발사된 구소련의 '마르스 1호Mars 1'다. 같은 해 미국은 바이킹 1호Viking 1와 2호를 화성에 보냈다.

　화성은 지구 궤도 바깥쪽에 있는 외행성 가운데 지구와 가장 가깝다. 많은 사람이 이미 알고 있는 것처럼 지구보다 태양과의 거리가 멀기 때문에 태양빛을 적게 받는다. 화성은 태양 둘레를 장반경 1.5237AU*로 공전하며, 황도에 대해 1.85도만큼 기울어져 있다. 지름은 6,794킬로미터로 지구의 절반 정도, 달의 두 배 정도이다. 표면 중력은 지구 표면의 0.4배 정도, 달 표면의 2.3배 정도다. 이는 곧 화성이 달보다 착륙선을 더 세게 끌어당기기에 착륙하기가 매우 어렵다는 뜻이다. 같은 이유로 화성을 벗어나서 우주공간으로 돌아가는 일 역시 달 표면을 떠나는 일보다 어렵다.

지구와 달 사이의 전이궤도Lunar Transfer Orbit; LTO 는 달 궤도의 특성과 지구 중력의 영향, 달 궤도에 진입하는 우주선의 기동을 고려하여 설계된다. 달 궤도에 진입할 때는 라그랑주점을 활용하는 저에너지 궤적이 주로 사용된다. 이 궤도는 지구 주변에서 달까지 효율적으로 이동하는 경로를 제공한다. 달 궤도에 진입하는 우주선은 태양과 지구의 중력 균형점인 라그랑주점 L1으로 이동하고, 이후 지구 중력에 이끌려 달로 향한다. 라그랑주점을 거쳐 달 궤도에 진입하는 방식은 지구에서 달까지 직접 가는 직선 경로보다 연료 소비를 줄여주기에 에너지 효율성이 높다.

지구 주위를 도는 달이 아닌 태양을 도는 다른 행성으로 향할 때 가장 효율적인 경로는 단 두 번의 로켓 추진으로 목적지에 도달하

---

* Astronomical Unit(천문 단위)의 약자로 지구와 태양 사이의 평균 거리를 나타낸다. 약 1억 5000만 킬로미터에 해당한다.

는 호만전이궤도다. 호만전이궤도는 타원 궤도를 이용해 궤도가 다른 두 행성을 이동하는 방식으로, 다른 행성으로 향하는 궤도역학의 핵심 이론이다. 호만전이궤도는 궤도 계산이 간단하다는 장점이 있다. 최소한의 에너지로 빠른 시간에 화성에 도착하는 효율적인 방법이기도 하다. 지구 궤도를 벗어나는 일은 지구 표면을 떠나는 일보다 쉬운 편이다.

화성은 초속 24킬로미터 정도의 속도로 태양을 공전하므로* 현재 기술력으론 우주선이 따라잡기 어렵다. 따라서 우주선은 먼저 지구 궤도에 진입한다. 지구 궤도에 오르고 나면 우주선은 뉴턴의 제1법칙에 따라 추가 동력 없이도 관성만으로 지구 궤도를 돈다.** 이후 지구 궤도 너머로 날아갈 때는 엔진을 가동하여 궤도 에너지를 증가시켜*** 타원 궤도에 진입한다. 타원 궤도를 따라 화성 궤도에 진입한 우주선은 착륙 또는 궤도 진입을 수행한다. 이때 중요한 것은 호만전이궤도를 이용하기 위해선 지구와 화성이 수평으로 정렬되는 때를 맞춰야 한다는 것이다. 이 주기는 2년에 한 번, 한 달 정도 지속된다. 지구와 화성은 멀리 있을 때는 2억 킬로미터 정도 떨어져 있고, 가장 가까울 때는 5500만 킬로미터로 거리가 줄어드는데, 이렇게 가까울 때가 780일마다 한 번씩 찾아오는 것이다. 화성 궤도에

---

*   화성의 적도면은 공전 궤도면에 대해 약 25도 기울어져 있다.
**   궤도의 가속력을 공짜로 얻기 위해서는 지구 공전과 같은 방향으로 우주선을 쏘아 올려야 한다.
*** 초속 2.95킬로미터 정도의 속도 증가 에너지가 필요하다.

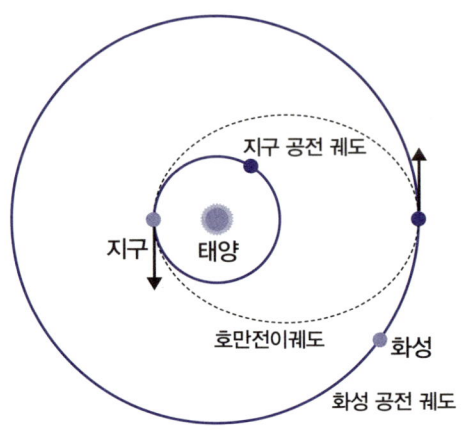

호만전이궤도의 작동 방식

들어간 후에는 추가적인 궤도 수정이 필요하지 않다. 물론 이러한 조건은 황도면 상에서 원에 가까운 궤도를 도는 천체로 갈 때만 적용된다.*

지구에서 화성으로 타원 궤도를 따라 화성 공전 궤도에 도착하면 착륙 또는 궤도 진입을 수행한다. 화성궤도진입 Mars Orbit Insertion; MOI 은 지구에서 발사된 우주선이 수개월간 항행하여 화성 중력권에 진입한 뒤, 감속하여 화성 주위의 안정된 궤도에 포획되는 과정을 말한다. 속도 조절, 궤도 각도, 연료 효율, 진입 시점 등이 모두 정밀하

---

* 호만전이궤도는 두 원 궤도를 연결하는 가장 효율적인 타원 궤도이지만, 화성 너머의 먼 외행성을 비행할 때는 연료 효율성 측면에서 적합하지 않다.

게 맞물려야 가능하다. 화성 주변 공간에 도착해서는 화성의 중력을 이용한 탄도포획궤도Ballistic Capture Orbit 로 우주선이 궤도에 포획되도록 하는 방법이 있다. 탄도포획궤도로 화성 궤도에 진입하면 우주선의 속도가 줄어들고 궤도에 안착한다.

그렇다면 착륙은 어떻게 할까? 착륙선을 끌어당기는 힘이 강한 천체일수록 속도를 늦춰 부드럽게 착륙해야 한다. 즉 더 강한 로켓과 착륙 장비가 필요하다. 달과 달리 화성에는 대기가 있다는 사실도 착륙을 어렵게 하는 요소다. 화성의 표면 기압은 지구 표면의 약 0.007배이고, 화성의 공기는 우리가 호흡하는 공기에 비해 60배가 엷다.

또한 화성은 우주의 서쪽에서 동쪽으로 운동한다. 그런데 어느 시점에 가면 화성의 행동이 갑자기 느려지고, 일단 정지한 뒤 동쪽에서 서쪽으로 움직이는 '역행 운동'을 한다. 이러한 역행 현상은 지구와 화성, 태양이 일직신에 있을 때 화성보다 공전 궤도가 작은 지구가 화성을 앞지르기 때문에 일어난다. 화성이 마치 뒷걸음질 치는 듯 보이는 것이다.

모든 조건이 맞아떨어질 때

지구와 화성은 평균 26개월 주기로 '발사창launch window'을 갖는다. 발사창은 우주선이 가장 적은 에너지로 지구에서 화성에 도달하는 이상적인 시점을 의미한다. 이는 천체 간 상대위치가 특정 기하학적 정렬을 이룰 때 발생한다. 잘못된 타이밍에 출발하면 추가 연료가 소모되고, 비행 시간이 길어지는 등, 도달에 실패할 위험성이 커진다.

지구에서 화성으로 갈 때 호만전이궤도를 이용하기 위한 조건은 다음과 같다. 출발 시점에 지구가 도달하는 공전 위치와 도착 시점에 화성이 위치하는 각도가 같아야 한다. 궤도상 지구와 화성의 상대위치가 정반대가 되어야 한다는 말이다. 이 기하적 정렬을 최적 위상각 phase angle 이라고 하고, 이를 만족하는 주기를 발사창 주기 launch window period 라고 한다. 호만전이궤도에서 발사 순간 지구와 화성 사이의 최적 위상각은 화성이 지구보다 44.4도가량 앞에 있을 때다. 이때 발사하면 연료를 가장 효율적으로 쓰는 궤도 전이가 가능하다. 그래서 보통 위상각이 정확히 일치하는 날짜 2~3일 전후로 최적 시간대를 형성해서 발사한다. 위상각이 이상값에서 다소 벗어나더라도 10~15일 전후를 범위로 설정하면, 연료 소모가 약간 증가하더라도 도달이 가능하다.

만약 직접적이 발사창이 닫히면 천체 근접 통과를 이용하는 중력보조 gravity assist *로 태양 중심 궤도 에너지를 조정해서 목적지까지 이동할 수 있다. 하지만 궤도 임무 설계가 복잡하다. 정리하자면 지구

---

* 우주선이 행성의 중력 등 에너지를 이용해 가속하는 방법을 말한다. 우주선이 공전하는 행성의 중력이나 자전 등에 스스로 말려들어 그 에너지를 역으로 이용해 튕겨 나간다.

와 화성 사이를 잇는 길은 항상 열려 있지 않고, 중력과 운동법칙이 허용하는 유일한 기회는 정밀한 계산, 물리학적인 정렬과 수학적 타이밍에 따라서 결정된다.*

화성에 접근한 후에 가장 중요한 것은 바로 대기권감속 aerobraking 이다. 지구에서 화성에 가려면 초속 10.2킬로미터의 속도가 필요한 반면, 화성 궤도에 진입할 때는 초속 6.0킬로미터가 필요하다. 대기권감속 기술은 지구의 100분의 1 수준으로 화성에 약하게 존재하는 대기를 이용해 연료 사용을 절반으로 줄인 채 감속하는 기술이다.

최근에는 달을 중간 정거장 삼아 화성으로 가는 경로가 가장 큰 관심이다. 지구에서 달로 이동하고, 달의 중력을 반동 삼아 지구 중력권을 벗어나서 태양 중심 궤도에 진입한 후 화성으로 전이하는 메커니즘이다. 이는 복합 궤도 체계를 가져가야만 가능하다. 달에서 화성으로 갈 때는 주로 달궤도전이 방식을 이용한다. 지구와 달의 중력을 활용해서 화성으로 나아가는 궤도다. 지구에서 화성까지 6개월 이상 걸리는 궤도이지만, 달을 거치는 만큼 에너지 효율을 높일 수 있다. 달 궤도에 진입한 후 화성으로 가려면 추가적인 엔진 점화가 필요하다. 지구와 화성이 서로 정렬되는 호만전이궤도 위치에서 발사하면 가장 효율적인데, 앞에서도 설명했듯 이 시기는 2년에

---

* 금성을 거쳐 화성에 가는 역방향 플라이바이 궤도 opposition Venus fly-by orbit 나 행성들끼리 접근하는 순간을 이용해 훨씬 빠르게 목적지에 도착하는 행성 간 접근 이용 궤도 conjunction orbit 방식으로도 화성에 도달할 수 있다.

한 번 한 달 정도 열린다.

  화성으로 가는 일은 쉽지 않다. 지금까지 화성 탐사는 모두 무인 탐사로 진행되었다. 사람이 직접 화성에 가려면 연료 효율뿐만 아니라 우주방사선, 극한의 온도, 소행성 충돌까지 해결해야 할 문제가 많다. 물론 가장 중요한 과제는 바로 시간을 줄이는 것이다.

행성과 행성 사이,
소행성 채굴 쟁탈전

우주의 보물창고

소행성이 인류의 미래에 꼭 필요한 존재로 여겨지는 이유가 있다. 소행성은 과학적 연구뿐만 아니라 인류의 미래 자원 확보와 우주탐사, 지구 방어를 위해서도 탐사되어야 한다. 소행성은 희귀 광물과 물 같은 자원으로 미래 우주산업의 핵심 공급처로 주목받는 동시에 지구와의 충돌 위험을 방지하기 위해 반드시 감시해야 하는 대상이기도 하다. 우리는 이미 역사적으로 자원을 쟁취하려는 쟁탈전이 얼마나 많았는지 알고 있다. 따라서 인류의 미래 자원 확보와 우주탐사의 지속 가능성을 위해 소행성은 반드시 다뤄져야 한다.

   소행성에서 물을 확보할 수 있다면 어떨까? 소행성에 존재하는 금속 자원을 활용할 수 있다면, 혹은 소행성을 우주탐사의 전진기지로 이용할 수 있다면? 이미 우주개발에 뛰어든 미국과 일본 같은 선진국은 이러한 소행성의 가치를 염두에 두고 탐사를 이어가고 있다. 소행성에서 희토류*인 백금, 헬륨을 캐내 와서 산업화하고 이러한 기술력을 바탕으로 돈을 벌겠다는 것이다.

소행성을 이루는 물질은 기본적으로 지구에도 존재하지만, 대부분 지구의 핵을 구성한다. 지구 형성 과정에서 철·니켈·금 같은 무거운 원소들은 모두 아래로 가라앉았다. 따라서 우리는 지구의 많은 광물을 사용할 수 없다. 반면 소행성은 대기가 없는 데다 크기가 작고 암석 자체가 표면에 나와 있어서 많은 광물을 얻을 수 있다. 소행성이 '우주의 보물창고'라고 불리는 이유다. 그래서 소행성탐사선들은 소행성에서 직접 물질을 채취하여 우주의 비밀과 함께 귀중한 우주 광물 자원을 획득하는 임무를 수행한다.

과학자 존 루이스John S. Lewis는 1997년 출간한 《하늘을 캐다Mining the Sky》라는 책에서 금속 소행성 3554 아문3554 Amun에 묻혀 있는 광물의 양이 당시 시장 가격으로 그 값어치가 약 20조 원에 이른다고 추정했다. 만약 물이 풍부한 소행성을 발견한다면 그 가치는 더욱 치솟을 것이다. 이 추정치는 당연히 절대적인 값이 아니지만 소

---

* 자연계에 매우 드물게 존재하는 금속 원소라는 의미로, 열일곱 가지 희귀 광물을 포함한다. 건조한 공기에서 잘 견디고 열을 잘 전달하는 것이 특징이며, 탁월한 전기적·자성적 성질을 갖는다. 현대 사회의 필수품인 액정 디스플레이Liquid Crystal Display; LCD, 레이저, 카메라, 컴퓨터, 휴대폰 등 많은 영역에서 필수적으로 사용된다. 세계 최대 희토류 매장국은 중국으로, 전 세계 생산량의 97퍼센트를 차지한다. 우리나라는 희토류를 전량 수입한다.

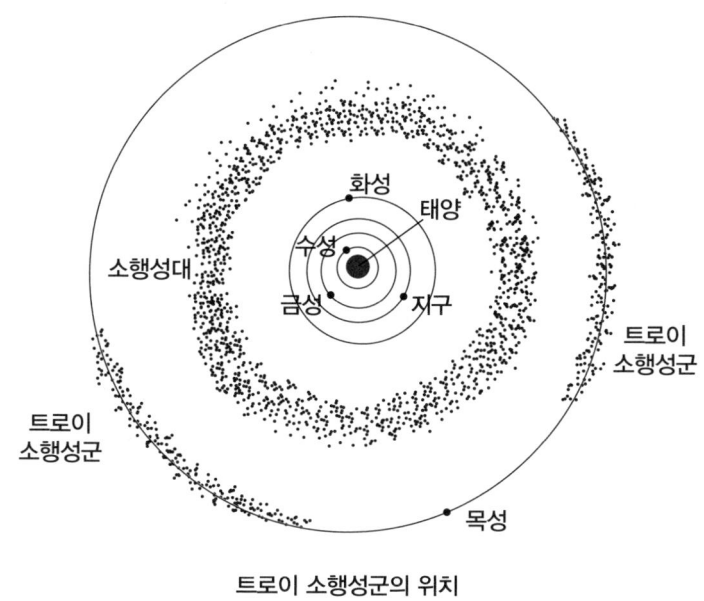

트로이 소행성군의 위치

행성을 향한 관심과 미래 가치를 보여주는 하나의 예가 될 수 있다.

대부분의 소행성은 화성과 목성 사이의 궤도에서 태양을 중심으로 공전하며 소행성대 asteroid belt 를 형성한다. 목성 앞뒤 약 60도 위치인 라그랑주점에는 트로이 소행성군 Trojan asteroid belt 이 두 무리를 형성하고 있다.

지구에 근접한 대부분의 천체는 지구 궤도 근처로 접근하는 소행성으로, 장반경 1AU부터 3AU까지 큰 폭의 궤도 이심률을 갖는다. 대표적으로 아모르 소행성군 Amor asteroid 은 궤도 장반경이 1AU보다 크고, 궤도 근일점이 1.017AU와 1.3AU 사이에 존재하는 천체들로

3,800여 개가 존재하며 지구와 화성 사이 궤도에서 공전한다.

아폴로 소행성군Apollo asteroid 은 궤도 장반경이 1AU보다 크고 궤도 근일점이 1.017AU보다 큰 천체들로, 현재까지 4,500여 개가 발견되었다. 아텐 소행성군Aten asteroid 은 궤도 장반경이 1AU보다 작고, 궤도 원일점이 0.983AU보다 큰 천체들로 원일점을 향할 때 지구 궤도를 가로지른다. 현재까지 800여 개가 발견되었다.

소행성에 가려는 이유는 오직 태양계의 기원과 진화 같은 우주의 근원적 질문에 따른 호기심 때문만은 아니다. 여러 형태로 존재하는 소행성은 우주의 기원을 고스란히 간직하고 있기도 하고, 우주개발의 에너지 자원으로 활용할 만한 지구에 없는 희귀 금속 자원을 보유한 경우도 있지만, 무엇보다 일부 근지구소행성 Near Earth Asteroids; NEAs 은 지구와 충돌할 위험성이 존재한다.

소행성에 다녀오다

미국의 본격적인 소행성 우주탐사는 1996년 2월 1일 존스홉킨스대학 응용물리학 연구소에서 발사한 지구근접소행성랑데부Near Earth Asteroid Rendezvous , 니어NEAR 우주선에서 시작되었다. 니어는 발사 후 천체물리학자인 유진 M. 슈메이커Eugene Merle Shoemaker 를 추모하는 의미로 니어 슈메이커NEAR Shoemaker 라고 이름 지어졌다. 니어 슈메이커는 1997년 마틸드Mathilde 소행성을 횡단해서 다섯 개의 큰 분화구를 관측하고, 433 에로스433 Eros* 소행성을 횡단 비행한 후 2001년 2월 12일 에로스와 랑데부했다.

니어 슈메이커는 2001년 2월 12일 역사상 최초로 소행성에 착륙했다. 소행성궤도선으로 설계된 니어 슈메이커가 착륙 임무에 성공할 확률은 사실 1퍼센트도 되지 않았다. 그래서 1년간 에로스 주위를 돌며 각종 영상 관측 자료들을 보내오고 임무를 종료할 예정이었는데, 충분한 자료 덕분에 소행성 착륙이라는 마지막 도전적인 임무를 부여받았다. 운이 좋게도 니어 슈메이커는 착륙에 성공했고, 표면 아래 10센티미터 깊이까지 성분을 측정한 감마선 분광계 자료를 10여 일간 보내왔다. 그리고 2월 28일을 임무를 종료했다.

나사는 니어 슈메이커 다음으로 2007년 9월 27일에 돈Dawn 탐사선을 발사했다. 소행성대에서 가장 질량이 큰 원시행성인 베스타Vesta와 왜행성 세레스Ceres를 탐사하는 임무를 부여받았는데, 소행성대에서 두 천체에 순차적으로 공전하는 신기록을 세웠다. 암석 덩어리 상태의 원시행성인 베스타와 표면에 얼음이 있는 왜행성 세레스를 탐사하는 일은 태양계 초기 시스템이 어떻게 만들어졌는지, 그 탄생과 진화의 비밀을 풀 수 있으리라 기대되었다.

돈 탐사선이 두 소행성을 순차적으로 공전하는 데는 '이온 추진

---

* 에로스는 지구 근접 소행성 중 두 번째로 크다. 가장 먼저 발견된 소행성이기도 하다.

ion propulsion' 시스템이 큰 기여를 했다. 이온엔진을 이용해 궤도에 진입하는 이온 추진 시스템은 연료 효율이 높아서 11년 동안 탐사 임무를 수행할 수 있었다. 태양에서 멀어질수록 태양전지의 효율이 떨어지기 때문에 화성보다 먼 곳을 탐사하는 우주탐사선들은 태양전지판보다 돈 탐사선처럼 고성능 이온 추력기를 사용한다.

돈 탐사선은 우선 호만전이궤도를 선택하여 최소한의 연료로 화성으로 향했다. 그리고 화성의 중력을 이용하여 2011년 7월 16일 베스타 궤도에 도착했다. 이온엔진을 이용해서 베스타 궤도를 벗어난 후에는 2015년에 세레스에 도착해서 데이터를 수집했다. 마지막으로 2018년 10월 30일 연료가 떨어져서 11년간의 소행성 탐사 활동에 마침표를 찍었다.

이온엔진으로 70억 킬로미터를 여행하며 돈 탐사선은 소행성에 관한 엄청난 단서와 증거 데이터를 남겼고, 많은 과학자가 이를 분석하여 밝혀낼 예정이다. 지구와의 교신은 끊어졌지만, 돈 탐사선은 앞으로도 수십 년간 계속 세레스의 궤도를 돌 것이다.

2018년 12월 4일, 또 하나의 미국 소행성탐사선 '오시리스-렉스 Origins, Spectral Interpretation, Resource Identification, Security, Regolith Explorer; OSIRIS-REx' 소식이 들려왔다. 오시리스-렉스라는 이름은 우주의 기원, 분광 해석, 자원 식별, 안전, 표토 탐험이라는 뜻을 조합해 만들어졌다. 이 이름은 고대 이집트 신화에서 부활과 재생을 상징하는 저승세계의 신 오시리스를 연상시키고, 소행성 충돌로 멸종한 티라노사우르스 렉스 공룡을 떠올리게 한다. 오시리스-렉스는 2016년 9월 8일에 케이프커내버럴 공군기지에서 발사한 뒤 2년간의 여행 끝에 지구에서 1억 5천만 킬로미터가량 떨어진 소행성 '베누Bennu*'에 도착했다. 같은 달 31일 베누의 궤도를 비행하는 데 성공한 오시리스-렉스는 4.3시간에 한 번씩 자전하는 베누의 하늘을 돌면서 지구와 충돌 위험이 큰 이 위협 소행성을 정밀 수사하기 시작했다. 베누의 토양을 담은 오시리스의 캡슐은 2023년 지구에 귀환했다.

오시리스-렉스는 임무가 연장되어 지구 정지궤도 영역까지 초근접하는 소행성 아포피스Apophis 탐사 미션을 수행할 예정이다. 이름도 오시리스-렉스에서 '아포피스 탐사선Apophis Explorer'이라는 뜻을 담아 오시리스-에이펙스OSIRIS-APEX로 바뀌었다. 오시리스-에이펙스는 2029년 4월 21일 아포피스와 조우하고 18개월 동안 소행성 궤도를 선회하면서 샘플을 채취할 예정이다.

소행성 탐사에서는 일본의 존재감이 빛을 발휘하고 있다. 일본의 소행성 탐사선 하야부사 2호はやぶさ2는 2019년 2월 22일 지구에서 3억 킬로미터가량 떨어진 C형 소행성** '162173 류구162173 龍宮'의 지표면에 착륙하는 데 성공했다. 2014년 12월 3일 일본 가고시마현 다네가시마우주센터에서 발사된 지 거의 4년 3개월 만이다. 하야

---

*   베누는 폭이 500미터에 불과한 작은 소행성이다.
**   탄소질 소행성을 말한다.

부사 탐사선들을 성공시킨 일본은 우주탐사 경쟁에서 앞서나가는 동시에, 근지구소행성의 지구 충돌 위험 대비와 물·연료·광물 등 미래 자원 확보 가능성도 제시하고 있다. 또 표면이 울퉁불퉁하고 경사가 급한 소행성에서 총알을 발사해서 착륙 지점을 만드는 것 같은 제어 기술을 접목하면서 탐사선 제작에서도 발전을 이루고 있다.

하야부사 2호는 탐사로봇 두 대를 류구에 착륙시키는 데도 성공했다. 하야부사 2호는 고도 55미터까지 하강했다가, 로버들을 분리해 착륙시킨 후 다시 20킬로미터 고도로 귀환했다. 이로써 2005년에 하야부사 1호가 S형 소행성* 25143 이토카와25143 糸川 소행성에 착륙한 데 이어 두 번째로 소행성에 우주탐사선을 착륙시켰다. 고도의 과학기술 축적으로 이루어낸 결과였다. 소행성은 시간당 수십만에서 수백만 킬로미터의 속도로 빠르게 움직인다. 만에 하나라도 잘못 접근하면 우주탐사선만 부서진다. 소행성의 궤도를 따라잡아 착륙을 시도하는 것부터 고난도 기술을 요구한다.

하야부사 1호는 발사 후 여러 난관을 기적처럼 헤쳐나갔다. 특히 사상 최대 규모의 태양 플레어 현상으로 컴퓨터 메모리와 태양전지에 문제가 생겼고, 엔진과 자세제어장치가 고장 나는 바람에 비행 자체에 어려움을 겪었다. 물론 여분의 이온엔진장치와 자세제어장치로 목적지인 이토카와에 근접하여 촬영하는 데는 성공했지만, 7주 동

---

*   규소질 소행성을 말한다. 금속질 소행성은 M형이라고 한다.

안 통신 두절을 겪으면서 생사의 기로에 섰다. 장치 문제로 비행 속도가 떨어지면서 4년 예정이었던 탐사 일정은 7년으로 늘어났지만, 2010년 6월 지구 대기권에 재진입했다. 이때 나사의 DC-8 공수 실험실 팀 airborne science laboratory 은 하야부사 1호의 열차폐 물질이 샘플 캡슐을 얼마나 잘 보호했는지를 연구할 목적으로 카메라와 장비 열아홉 대를 동원해서 하야부사 1호의 재진입 순간을 촬영했다. 다행히 본체와 분리된 샘플 캡슐은 0.01밀리미터 크기의 이토카와 소행성 미립자 1,500여 개를 가지고 무사히 호주 남부 우메라 사막에 떨어져 마지막 임무를 완수했다.

　소행성에 관한 다양한 정보를 얻고자 하야부사 1호와 하야부사 2호는 각기 다른 소행성을 선택했다. 하야부사 2호가 탐사한 C형 소행성 류구는 S형 소행성 이토카와보다 탄소 함량이 높아서 오래된 유기물이나 수화한 미네랄을 더 많이 포함할 가능성이 크다. 유기물과 물을 연구하기에 적합한 곳이다. 그뿐만 아니라 하야부사 2호는 65.24도×65.24도의 광각 카메라로 류구 표면을 촬영하고, 근적외선 분광기로 소행성의 표면 구성 성분을 탐사했다. 소행성과 우주선의 거리를 정밀하게 측정할 레이저 발사기와 적외선 카메라도 탑재했다. 착륙 후에는 탐사선 아랫부분에 있는 길이 1미터가량의 광석채취장치를 지표면에 대고 탄환을 발사해서 부서져 날아오른 암석을 채취했다.

　2020년 12월, 1여 년간의 탐사 끝에 하야부사 2호는 샘플과 함께 지구에 귀환했다. 최근 하야부사 2호가 류구의 암석 안에서 물의 성분이 존재할 때 나타나는 반응을 탐지했다는 보도가 나오기도 했다. 지구에 도착한 류구의 암석을 분석하면 물과 생명의 기원에 관한 실마리를 알아낼 수 있을지도 모른다는 기대가 크다.

물리적 충돌,
혹은 법적 충돌

우주 지속 가능성에서 중요한 또 하나의 임무는 지구와 충돌할 가능성이 있는 소행성을 탐사하는 일이다. 나사는 근지구천체관측 프로그램 Near-Earth Object Observation program; NEO program 을 발동하여 잠재적으로 위험한 소행성을 감시하고 있다. 그러나 이처럼 천체를 감시하고 추적하는 정도로는 충분치 않다. 영화 같은 이야기로 들리지만, 지구로 다가오는 소행성에 특공대를 보내어 지구와의 충돌을 막아야 할 필요성이 현실화되었다. 효과적으로 위험을 완화하려면 지구와 충돌할 가능성이 있는 소행성을 회피하거나 파괴하는 전략을 짜야 한다.

나사의 다트 Double Asteroid Redirection Test; DART 는 직역하면 '이중 소행성 궤도 변경 시험'이라는 뜻으로, 소행성 충돌선 impactor 으로 근지구 천체의 궤도 변경 가능성을 실험한 임무다. 근지구 천체 디디모스

Didymos의 위성 디모르포스Dimorphos에 부딪힌 충돌선은 최소 73초 이상 디모르포스의 궤도에 영향을 주도록 계획되었다. 한국 시간 기준 2022년 9월 27일 오후 7시 14분, 다트는 초속 6.6킬로미터의 상대속도로 디모르포스와 성공적으로 충돌했다. 이때의 충돌로 100만 킬로그램의 파편이 튀어나와 관측되었다. 충돌에서 2주 정도 지난 10월 2일, 나사는 지구를 파괴할 가능성이 있는 소행성의 궤도를 변경하는 다트 미션이 성공했다고 발표했다. 디모르포스의 공전 주기가 약 11시간 55분에서 11시간 23분으로 줄어든 것이다. 다트 임무는 소행성 충돌 및 파괴가 미래 행성 방어 전략의 하나로 충분히 사용될 만함을 증명한 사례였다.

더 넓은 우주를 향한 인류의 계획에서 소행성 탐사는 매우 중요하다. 달이나 화성에 영구적인 인류 거주지를 세우려는 우주기관이나 민간기입은 소행싱에서 과학적 연구와 자원 획득의 중요한 기회를 잡으려고 하고 있다. 우주 자원을 추출할 수 있다면 지구에서 자원을 발사할 필요가 없어지고, 이는 우주에서의 장기 거주를 위해 반드시 갖춰야 하는 매우 중요한 능력이다.

소행성 탐사 기술은 지속적으로 발전하고 있다. 소행성 채굴 기술에서도 미세중력 환경이나 자원 분포의 불확실성, 채굴 장비의 운용 등을 해결할 도전이 필요하다. 상업적 채굴 기술은 아직 실험 단계이지만, 향후 발전 가능성이 매우 크다.

문제는 소행성 채굴이 우주환경에 영향을 미칠 수 있다는 점이다. 채굴 과정에서 발생한 파편이 우주 쓰레기가 되어 다른 우주선이나 위성에 충돌할 위험이 발생하며, 소행성의 구조적 변화가 궤도에 영향을 미쳐서 장기적인 우주환경 안정에 위협이 될 수도 있다. 경제적 측면에서도 마찬가지다. 소행성에서의 자원 채굴은 지구의 자원 시장과 관련 산업에 영향을 줄 수 있다.[*]

최근 몇 년 동안 민간기업들이 우주탐사와 자원 채굴에 적극적으로 참여했다. 그런데 국제적 차원에서 관련한 법적 규제는 미비한 상태다. 미국은 2015년 상업우주발사법 Commercial Space Launch Competitiveness Act; Space Act 을 제정하여 자국 기업의 우주 자원 채굴을 허용했지만, 국제적인 합의 없이 진행된 조치이기 때문에 다른 국가들과 법적으로 충돌할 수 있다는 우려가 남았다.

소행성 탐사의 법적 문제는 국제 우주법의 해석, 국가별 입법의 충돌, 민간기업의 권리와 책임, 자원 소유권, 환경 보호, 국제협력 등 다양한 측면에서 복잡한 논쟁을 야기할 수 있다. 논쟁은 우주 자원의 상업적 이용이 현실화될수록 더욱 심화될 것이다. 그러므로 국제우주기구, 국가 정부, 민간기업 등이 협력하여 우주 자원의 평화적이고 지속가능한 이용을 보장할 통합된 규범과 체계를 구축해나가야 한다.

---

[*] 물론 아직까지 소행성 채굴의 경제적 타당성은 높은 초기 투자 비용이나 기술적 불확실성, 법적 리스크 같은 문제들이 얽혀 있어서 매우 불확실하다.

위험과 불안 속
화성 궤도 지키기

심우주감시란 무엇인가?

화성은 현재도 가장 활발하게 연구되는 곳이다. 화성 탐사 시도는 구소련에서 시작되었으나 번번이 실패하였고, 결국 미국의 마리너 4호Mariner 4가 첫 덤사의 영예를 안았다. 마리니 계획은 세 개의 위성을 추가로 궤도에 올리는 데 성공했고, 이후 미국은 바이킹, 마스 패스파인더Mars Pathfinder, 마스 글로벌 서베이어Mars Global Surveyer; MGS, 마스 오디세이Mars Odyssey 프로젝트까지 수행했다.

유럽우주국의 첫 화성 탐사 계획인 마스 익스프레스Mars Express 는 실패한 반면, 나사는 쌍둥이 로봇 스피릿Siprit 과 오퍼튜니티Oppertunity 를 잇달아 화성에 착륙시켰다. 1996년 12월 4일에는 무인탐사선 마스 패스파인더에 화성 표면을 자유롭게 이동하는 최초의 탐사로봇 소저너Sojourner 를 실어서 발사했다. 탐사선은 1997년 7월 4일 화성

대기에 진입한 후 에어백을 이용해 착륙했다. 이로써 미국은 우주 기술 최강국으로서 입지를 굳혔다. 나사는 화성에서 생명체의 존재 여부를 파악하고 화성의 기후와 지질학을 분석하며 인간을 화성으로 보낼 준비를 하고 있다.

화성 표면은 북반구가 남반구보다 평균적으로 5킬로미터 낮다. 그 경계인 적도 부근에는 대규모 화산 활동으로 생긴 타르시스Tharsis 산지가 있다. 3억 제곱킬로미터 이상의 마그마가 상승해서 형성된 타르시스는 평균 높이가 10킬로미터이고, 면적은 3,000제곱킬로미터에 달한다. 화성의 남반구는 겨울부터 봄 사이에 모래 폭풍이 많이 발생한다. 공중으로 날아오른 먼지가 가라앉지 않고 떠다니면서 오랫동안 뿌연 상태가 되기도 한다. 화성의 중력은 지구의 약 38퍼센트로, 궤도 유지에 필요한 에너지가 상대적으로 적지만 동시에 궤도 불안정성이 증가한다. 대기 밀도가 낮다는 것은 대기 저항에 따른 궤도 감쇠가 거의 없다는 뜻이고, 그래서 우주 쓰레기가 장기적으로 남는다.

화성 궤도에서의 지속 가능성이란 화성 궤도에서 우주선을 장기간 유지하고 탐사 활동을 지속하는 데 필요한 기술과 전략을 말한다. 이는 화성 탐사로봇이나 궤도선의 작동, 샘플 수집 및 지구로의 반송, 화성 기반시설 건설 같이 미래 화성 탐사 임무와 관련한 활동을 포함한다.

화성 궤도에서의 우주 쓰레기 문제는 아직 초기 단계이지만, 향후 탐사선과 위성이 증가하면 지구 궤도와 같은 문제가 나타날 가능성이 크다. 특히 미세운석과 우주물체 파편과의 충돌 위험은 화성 착륙이나 화성 샘플 반환 같은 주요 임무에 심각한 영향을 줄 수 있다. 화성 궤도에서도 우주상황인식과 우주교통관리의 필요성이 증가하는 이유다.

지구에서 200만 킬로미터 이상의 거리를 보통 '심우주'라고 한다. 심우주감시 deep space surveillance 란 지구 궤도를 넘어선 우주공간에서 행성을 포함한 다양한 천체와 우주선을 포함한 인공우주물체를 추적하고 관리하는 시스템이다. 지구 궤도를 벗어나 달과 화성을 탐사하는 다양한 우주선들을 탐지하고 추적하기 위해서는 심우주감시 체계가 필수다.

심우주감시를 위해서는 대형·고출력·고성능의 지상 안테나 네트워크가 필요하다. 이때 안테나는 수백만 킬로미터 떨어진 우주선과 통신할 수 있어야 한다. 심우주에서 전송하는 신호는 매우 약하기 때문에, 우주선 상태를 모니터링하거나 데이터를 수집하고 명령을 전송할 수 있으려면 고감도 수신기와 고급 신호 처리 기술이 갖춰져야 한다. 더 나아가 우주선의 항법, 충돌회피, 임무 계획을 세우려면 우주물체의 정확한 위치와 궤도를 계산할 수 있는 정밀한 궤도 결정 소프트웨어가 필요하다.

2015년 미국의 무인우주탐사선 뉴 허라이즌스 New Horizons 는 명왕성을 촬영해서 지구로 보냈다. 지구에서 뉴 허라이즌스까지의 거리는 47억 7900만 킬로미터인데, 지구와 태양까지 거리의 32배에 달한다. 명왕성 영상은 초당 30만 킬로미터의 속도로 날아 4시간 20분여 만에 지구에 도착했다. 이처럼 우주탐사선을 태양계 맨 끝 행성까지 보내고, 생생한 영상을 받아 볼 수 있던 것은 심우주 통신과 심우주 항법 기술의 진화 덕분이다.

나사는 2024년에 지구에서 240억 킬로미터 떨어진 태양계 밖을 비행 중인 우주탐사선 보이저 1호와 다시 교신하는 데 성공했다. 1977년 발사된 보이저 1호는 인류가 만든 비행체 가운데 우주를 가장 멀리까지 탐사했다. 보이저 1호에 장착된 교신 시스템은 고주파로 정밀한 데이터 전송이 가능한 X밴드와 상대적으로 낮은 주파수를 이용하는 S밴드 송신기를 가지고 있었다. 보이저 1호는 비상모드로 전환하고 전원을 절약하기 위해 교신 시스템에 전원 공급을 중단하면서 지구와 잠깐 연락이 끊겼었다. 이후 자체적으로 X밴드 송신기의 기능을 중단시킨 뒤 상대적으로 전력 사용이 적은 S밴드 송신기를 작동시켜서 1981년 이후 43년 동안 사용하지 않은 S밴드 신호로 교신에 성공했다.*

---

* 보이저 1호와 교신을 주고받는 데는 46시간이 걸리고, 한쪽에서 보낸 신호가 다른 쪽에 도착하는 데는 23시간이 걸린다.

화성과 통신하기

심우주탐사선은 지구의 어느 위치에서도 24시간 관측과 교신이 가능해야 한다. 나사는 세 곳에 심우주 통신용 시설인 DSN Deep Space Network 는 설치하고 운영한다. DSN은 나사 제트추진연구소Jet Propulsion Laboratory, JPL 가 운영하고, 미국 캘리포니아, 스페인 마드리드, 호주 캔버라에 설치되어 있다. 이 세 곳은 지구에 120도 간격으로 전략적으로 배치되어 있어서 지구가 자전하더라도 적어도 한 곳의 안테나는 탐사선을 관측하고 교신한다. 지름 34미터와 70미터의 안테나가 있는 미국 캘리포니아 골드스톤 지상국은 지구와 우주탐사선 사이의 통신을 담당한다. 이곳의 70미터 안테나는 '화성 안테나'로도 불리며, 보이저 2호Voyagar 2 가 태양계 끝자락인 해왕성을 지나갈 때도 추적했다.

DSN은 단순한 대형 안테나가 아니라, 멀리 떨어진 여러 행성에 있는 우주선의 안전을 지휘·추적·감시하는 강력한 시스템이다. DSN은 향후 아르테미스 임무를 포함해 상업용 달 탐사 임무가 다양해지면서 수요가 급증했다. 심우주 임무로 인한 수요 증가로 DSN의 부하가 거의 두 배로 증가하고 있다고 한다.

2004년 나사의 화성 이동탐사로버 스피릿이 착륙 예정지에서 불과 9.6킬로미터 벗어난 곳에 착지할 수 있던 것도 먼 거리를 비행하는 동안 지상의 DSN이 탐사선을 정확히 유도했기 때문이다. 지구

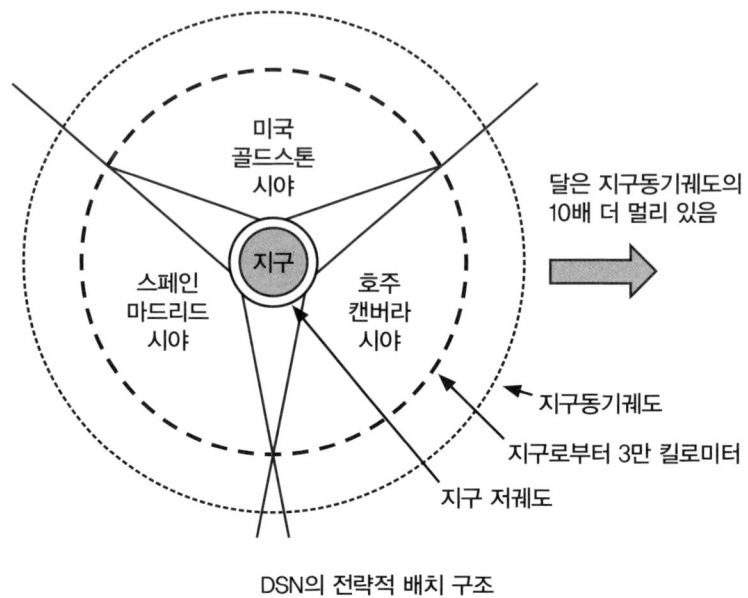

DSN의 전략적 배치 구조

에서 화성까지의 거리가 4억 8700만 킬로미터에 달한다는 사실을 고려하면 매우 정확하게 착륙한 셈이다.

유럽우주국의 심우주 통신 인프라인 ESTRACK European Space Tracking 은 독일 다름슈타트에 있는 유럽우주운용센터 European Space Operations Centre; ESOC 에서 운영하는 여러 지상 기반 우주추적관측소로 구성되어 있다. 이 네트워크는 다양한 유럽우주국 우주선과 통신하며, 지구궤도위성부터 심우주탐사선까지 다양한 임무를 지원한다. 호주 뉴노르시아, 스페인 세브레로스, 아르헨티나의 말라르게에 각각 35미터 안테나를 보유하고 있다. 그 외에 프랑스령 쿠루, 스페인 빌라프랑카와 마스팔로마스, 벨기에 레두, 포르투갈 산타마리아, 스웨덴 키루나, 호주 퍼스 등에 15미터급 크기의 안테나를 가진 핵심 지상국이 있다.

일본은 나고야현 우수다와 우치노우라 우주센터에 있는 안테나를 이용해 달탐사선으로 명령을 전달하고 관측 데이터를 수신한다. 우수다우주센터는 64미터 크기의, 우치노우라우주센터는 34미터 크기의 안테나를 갖고 있다. 중국은 기존의 중국우주전파관측망Chinese VLBI Network; CVN 을 이용하여 데이터를 송수신하는데, 직경 12미터와 18미터의 S밴드 안테나를 이용하여 달탐사선에 명령을 전송하고 수신하는 독자적인 체계를 갖고 있다.

보통 탐사선으로 보내는 명령 신호는 데이터양이 많지 않아 대부분 S대역 또는 X대역의 12~26미터 안테나를 사용한다. 하지만 탐사선에서 수집한 대용량의 데이디를 지상국으로 송신할 때는 S대역 외에 X대역과 Ka대역의 신호를 사용해야 한다. 따라서 26미터 이상의 안테나가 필요하다. 우리나라도 달탐사선 다누리호와 통신하기 위해서 DSN의 도움을 받는 동시에 독자적인 심우주지상국을 갖추었다. 경기도 여주에 있는 34미터 크기의 안테나는 국내 최초의 심우주 통신 지상 시스템이다.

심우주 통신 기술과 더불어 심우주 항법 기술은 우주탐사의 핵심이다. 모든 위성은 항법 시스템을 갖추고 있다. 지구 궤도를 벗어나면 지상에서 쓰는 GPS를 사용할 수 없기 때문이다. 그래서 지상의 안테나와 위성에 탑재된 안테나가 교신하며 현재 위성의 위치가 어디인지, 어느 정도의 속도로 가고 있는지, 어느 방향으로 날아가고 있는지를 정확히 파악하고 제어한다. 이것이 심우주 항법이다.

심우주에서는 우주선들이 보통 초속 5~30킬로미터의 상대속도로 이동한다. 이는 매우 **빠른** 속도로, 충돌할 때 생기는 운동 에너지의 파괴력은 폭발적이다. 만약 1킬로그램의 물체가 초속 20킬로미터로 부딪힌다면 20만 킬로줄$_{kJ}$*, 즉 대형 폭탄 수준의 에너지가 방출된다. 문제는 심우주가 지구 주변과 달리 궤도 추적 체계가 부족하여 궤도를 사전에 예측하기가 매우 어렵다는 점이다. 그뿐만 아니라 지구와 달 사이에서는 2.5초의 왕복 지연이 발생하고, 지구와 화성 사이에서는 최대 40분의 통신 지연이 발생하기 때문에 충돌회피에 한계가 생길 수밖에 없다.

2024년 10월, 달 궤도를 돌고 있는 다누리가 인도의 달궤도선 찬드라얀 2호와 충돌 직전까지 갔다. 찬드라얀 2호는 충돌회피기동으로 궤도를 변경했다. 인도우주부 Department of Space 는 월간보고서를 펴내면서 찬드라얀 3호가 다누리에 수 킬로미터까지 접근할 것을 우려하여 궤도를 조정했고, 이후 미국 달정찰궤도선과의 충돌 위험을 회피하기 위해 한 번 더 궤도를 바꿨다고 보고했다.

---

* 에너지양을 나타내는 단위로 1,000줄J을 1킬로줄로 계산한다. 일상에서 사용하는 단위로 설명하자면, 1킬로줄은 약 0.24칼로리다.

달 주변 탐사선들이 충돌 위험 거리까지 가까워진 일이 이번이 처음은 아니다. 복잡한 지구 상공과 비교하면 달은 망망대해처럼 보이지만, 최근에는 달에서도 회피기동이 드물지 않게 이루어졌다. 다누리도 2022년 12월 달 궤도에 진입한 이후 세 차례 회피기동을 했다. 한 번은 미국 달정찰궤도선을 피하기 위해, 한 번은 찬드라얀 2호와 달 궤도에서 마주치면서, 나머지 한 번은 일본 소형 달탐사선 슬림 SLIM이 착륙하는 과정에서 일어났다.

달 궤도는 점차 더 많은 위성과 탐사선으로 복잡해지고 있다. 달에 유인기지를 건설하기 전 위성항법시스템과 통신위성을 달 상공에 보내는 방안도 추진하고 있지만, 아직 달이나 화성 탐사에서의 충돌 위험을 해결할 국제규범이나 협의가 없는 실정이다. 결국 현재 심우주감시 체계에서는 자국 궤도선의 궤도 정보와 데이터를 자발적으로 주고받거나 회피 궤도를 계산해서 실행하는 정도가 최신이다.

심우주감시 시스템은 단순한 관측 장비가 아니다. 우주활동의 책임과 질서 유지, 안전한 우주 이용의 기반이 되는 인프라다. 심우주 충돌 위험에 따른 기술적 감시 체계와 자율기동 기술 개발, 심우주 우주상황인식 데이터 공유 정책이 심우주 지속 가능성을 좌우하는 결정적 요소가 될 것이다.

[Off the Record]

대한민국 우주발사체
누리호에 얽힌 뒷이야기

우주발사체 낙하물, 우주 쓰레기인가 아닌가?

2024년 4월 25일 중국의 우주인 세 명, 예광푸葉光富, 리충李聰, 리광쑤李廣蘇가 탑승한 유인우주선 '선저우 18호神舟18号'가 발사됐다. 이날 저녁 중국 북서부 간쑤성 주취안위성발사센터 Jiuquan Satellite Launch Center는 발사체 '창정-2F 야오'에 선저우 18호를 실어 우주로 발사했다. 주취안위성발사센터는 북위 약 41도에 위치해 있어서 우주발사체를 올려보낼 때 동쪽으로 발사해야 한다. 이때 창정-2F 야오의 하단부와 2단계 로켓, 페어링*은 분리되어 지상으로 낙하한다. 그래서 추락 예측 지역의 주변국에 알리도록 한다. 우주발사체의 발사가

* 발사체 상단 부위로, 인공위성을 보호하는 덮개의 일종이다. 대칭을 이루는 두 개의 페어링을 조립하면 인공위성이 완전히 덮인다.

예정되면, 분리된 우주발사체의 단이 낙하하는 지점에 항공기가 진입하지 않도록 항공고시보Notice To Airmen or Air Mission; NOTAM*를 발행해 해당 지역을 위험구역으로 설정한다. 항행경보Navigational Warnings** 역시 발령하여 해역 인근을 항해하는 선박 모니터링도 강화한다.

주취안위성발사센터에서 유인우주선을 발사할 때마다 우리나라 서해권에는 우주발사체 단이 떨어질 위험이 발생한다. 이때 1단은 고도 100킬로미터 이전에 떨어지기 때문에 발사 당일 영향권 내의 영공과 영해에 낙하물 추락 위험이 발생한다. 발사체에 따라 낙하 지점을 미리 설계하기 때문에 통제된 낙하물이 떨어지면 대비가 가능하지만, 만에 하나 발사가 실패하거나 문제가 발생한다면 비상상황이 된다. 우주 발사 기회가 늘어날수록 부속품들의 낙하는 국제적인 문제로 부상한다.

북한의 서해위성발사장에서 발사하는 발사체의 낙하물은 우리나라 서해와 필리핀 동쪽 태평양에 떨어진다. 우리나라 나로우주센터에서 발사하는 누리호도 일본과 필리핀 등에 낙하물이 떨어지기 때문에 국제규범에 따라 국제민간항공기구International Civil Aviation Organization; ICAO***와 국제해사기구International Maritime Organization; IMO,

---

*　　항공 종사자들이 알아야 할 정보를 전문 형식으로 작성하여 배포하는 국제고시 수단이다.
**　　선박의 항행 안전에 긴급한 사항을 유무형 통신을 이용하여 선박에 제공하는 것을 의미한다.
***　　관제 비행 정보 제공, 조난 경보 등의 업무를 위하여 ICAO가 민가 지정 승인하는 국가별 항행 안전 관리 책임 공역을 '비행정보구역Flight Information Region, FIR'이라고 한다.

일본, 필리핀 등에 1단과 페어링, 2단의 낙하 지점과 시간을 미리 공유한다.

떨어진 파편은 끝까지 추적해서 수거하기도 하지만, 대부분 바다에 버려진다. 스페이스X의 재사용발사체 Reusable Launch Vehicle; RLV 는 이렇게 버려지는 발사체 하단을 회수하여 만들어진다. 발사체 회수와 재활용은 발사 비용을 낮출 뿐 아니라, 주변국을 낙하물 위험에서 해방해준다.

중국은 최근 들어서야 우주발사체를 발사하면서 항공고시보를 공유하기 시작했다. 2024년 6월 18일부터 20일까지, 중국 우주물체 낙하에 따른 항행주의보가 또 한 번 발령되면서, 우주발사체의 1단 추진체와 페어링을 우주물체, 즉 우주 쓰레기로 볼 것인지에 관한 논의가 촉발되었다. 기존에 우주 쓰레기는 지구 궤도를 도는 물체 가운데 인간이 만들었으나 쓸모가 없어져서 버려진 것들을 가리켰다. 따라서 우주발사체의 1단 추진체와 페어링처럼 지구 궤도를 돌지 않고 바로 떨어지는 물체들에 관한 정의와 위험 대비 문제는 지구 궤도를 도는 물체와는 다르게 다뤄져야 한다는 데서 촉발된 논의였다. 우주에서 지상으로 통제 불가능한 상태로 재진입하는 잔해물은 예측 가능한 우주발사체와 달리 돌발 변수가 많다는 점도 고려요소였다.

앞으로 우주발사장이 늘어나고 발사 횟수가 증가할수록 이런 상황은 더욱 빈번하고 일상적인 일이 될 것이다. 이제는 주변 우주발사장에서 어떤 우주발사체를 발사하는지도 모니터링하며 낙하물 위험에 대비해야 한다.

우주발사체의 발사 윈도우

우리나라 기술로 만든 우주발사체 누리호가 나로우주센터의 발사대에 수직으로 세워졌다. 2023년 5월 24일 오후 6시 24분(±30분)은 누리호 3차 발사 예정시간이었다. 나는 당일 오전 설레는 마음으로 대전에서 KTX를 탔다. 우주개발진흥실무위원회로서 누리호 3차 발사를 직관할 소중한 기회를 얻어 발사장으로 가는 길이었다. 순천역에 내려서는 한국항공우주연구원 Korea Aerospace Research Institure; KARI 이 준비해준 버스로 갈아탔다. 나로우주센터는 2013년 나로호가 발사되기 전에 가본 적이 있었지만, 실제 발사일에 맞춰서 가기는 처음이었다.

부푼 마음을 안고 버스를 탄 지 1시간 정도 지났을 무렵 속보가 나왔다. 발사 예정 2시간여를 앞두고 발사가 연기되었다는 소식이었다. 누리호의 저온헬륨 공급제어 과정에서 발사제어 컴퓨터와 설비 제어 컴퓨터 사이에 통신 이상이 발생했다는 것이었다. 발사위원회는 부득이하게 예정된 발사를 취소하기로 결정했다고 발표했다. 누리호의 발사 성공을 염원하며 버스에 타 있던 사람들 모두 너무나도 아쉬워했다. 버스는 그대로 돌아서 다시 순천역으로 사람들을 데려다주었다. 나로우주센터에 가서 기다리자는 의견도 있었지만, 문제 발생 원인을 분석해서 다시 발사하기까지 시간이 얼마나 걸릴지 모르기에 무작정 기다릴 수만은 없었다. 만약 문제가 간단히 해결된다면, 누리호를 그대로 발사대에 세워두고 다음 날인 25일 18시 24분(±30분)에 발사할 것이라고 했다.

아쉬운 마음을 뒤로하고 집으로 돌아왔다. 다음 날 오전 11시 30분쯤 핸드폰이 울렸다. 문제점을 해결해서 25일 발사를 진행한다는 소식이었다. 나는 한국천문연구원이 소재한 대전에 거주하고 있는데, 발사 전까지 나로우주센터로 올 수 있는지 물어왔다. 차로 운전해서 가면 4시간 정도이니 가겠다고 답했다.

누리호 3차의 최종 발사시간은 2023년 5월 25일 발사 당일 기상 상황과 발사 윈도우, 그리고 우주 궤도를 돌고 있는 우주물체와의 충돌회피까지 모두 고려하여 최종적으로 확정되었다. 애초 계획이던 24일에 이어서 25일 같은 시간인 18시 24분에 발사할 수 있던 것도 발사 윈도우를 모두 만족했기 때문이다. 누리호 3차 발사는 5월 25일부터 31일까지, 일주일의 예비기간이 있었다.

발사체의 발사 윈도우는 탑재체의 임무 궤도에 따라 결정된다. 누리호는 태양동기궤도인 고도 550킬로미터로를 임무 궤도로 설정하여 위성 발사시간이 고정된다. 누리호 3차 발사에는 주탑재체로 카이스트가 개발한 차세대 소형 위성 2호가, 부탑재체로 한국천문연구원이 개발한 초소형 위성 네 기와 민간기업에서 개발한 초소형 위성 세 기가 실려 있었다. 져스텍Justek, 루미르Lumir, 카이로스페이스Kairospace 같은 민간기업이 만든 초소형 위성도 성능 검증을 목적으로 발사를 준비하고 있었다.

한 가지 더 확인해야 할 항목이 있다. 바로 발사시간과 궤적에 다른 우주물체와 충돌할 위험이 있는지를 분석하는 일이다. 누리호 3차 발사 당시에도 생방송을 준비하는 교수님으로부터 발사일이 하루 늦춰졌으니 바뀐 날짜에 다른 우주물체와의 충돌 위험이 있는지 확인해달라는 전화를 급하게 받은 기억이 난다. 24일에 국제우주정거장에 있는 우주인들에게 보급을 담당하는 러시아의 소유즈Soyuz 우주화물선 프로그레스 MS-23 PROGRESS MS-23이 발사되면서 새로운 우주물체가 발생했기 때문이었다. 우주화물선이 고도 415킬로미터의 국제우주정거장과 도킹하는 궤도와 누리호 발사 궤도가 겹치는지를 확인해야 했다(다행히 누리호와의 충돌 위험은 없었다).

이제 우주발사체를 발사할 때는 발사 전 충돌위험평가가 반드시 필요하다. 각국 및 국제기구는 관할권 혹은 통제 아래 있는 발사 서비스 제공자에게 우주물체를 발사하기 전 충돌위험평가를 수행하도록 권한다. 계획된 진입 궤도 근처에서 작동하는 다른 우주물체와의 충돌 위험 변화를 분석하고 공유하도록 하는 것이다. 이와 더불어 해상 및 영공의 선원 혹은 조종사에게 통지를 제공하고, 지구 궤도에서 운용 중인 인공위성에 관련한 기관들에도 알리도록 권장한다. 물론 아직은 의무가 아니다. 발사하는 소유국이나 기관이 기존의 인공위성이나 우주환경을 파악하여 최대한 충돌 위험을 피해 가야 한다.

...

5월 25일 예정된 오후 6시 24분에 누리호 3차 발사는 성공적으로 이루어졌다. 나로우주센터에서 그 광경을 직접 바라본 순간이 생생하다. 발사의 굉음과 함께 하얀 연기가 뿜어져 나오면서 내가 있는 곳까지 흔들림이 전해졌다.

    누리호는 이륙하고 125초가 지난 후 고도 64킬로미터에서 1단을 분리하고, 234초에 페어링을 분리했다. 272초에 마지막으로 2단을 분리하면서 1단, 페어링, 2단은 나로우주센터로부터 지상거리가 각각 약 430킬로미터, 1,585킬로미터, 2,804킬로미터인 지점에서 태평양 해상으로 떨어졌다.

    당시에도 발사대를 중심으로 반경 3킬로미터 이내의 지상은 육상 통제 구역으로, 비행 방향으로 폭 24킬로미터, 길이 78킬로미터의 해상 범위는 해상 통제 구역으로, 비행 방향으로 폭 44킬로미터, 길이 95킬로미터의 상공은 공역 통제 구역으로 지정하여 낙하물에 대비했다.

    누리호의 마지막 3단은 위성을 궤도에 올려놓고 지구 궤도에 남았다. 우리나라 발사장에서 우리나라가 만든 우주발사체로, 우리나라가 만든 인공위성을 우주로 보낸 누리호 3차 발사의 성공은 우리나라 우주발사체 운용의 신뢰도를 높였고, 앞으로 민간기술을 이전하여 우주 상업화를 진전하고 독자적인 우주 수송 시대를 열 계획도 갖도록 했다.

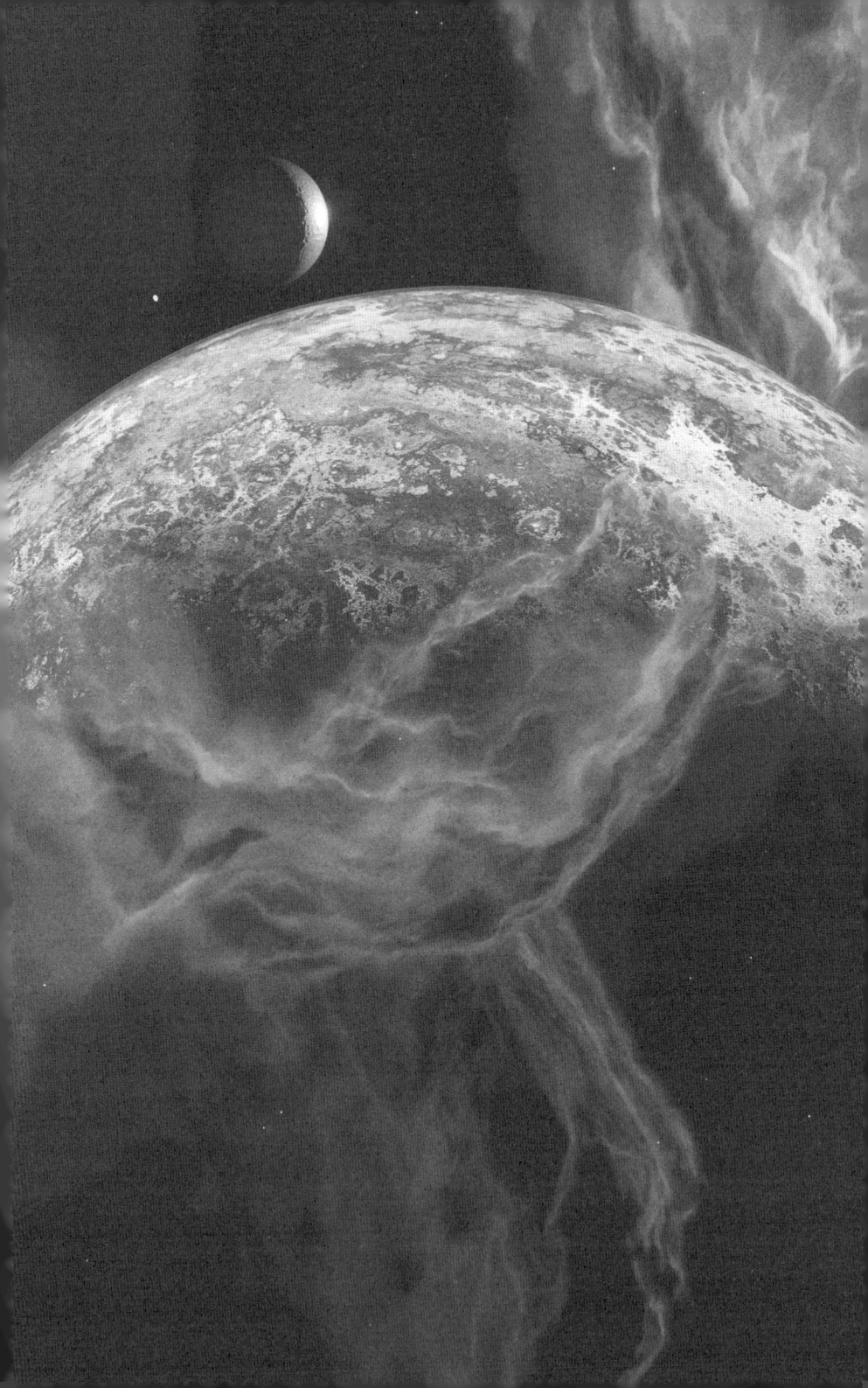

PART.2

우주 불평등에서 우주 전쟁까지

과열 경쟁 속 평화를 지켜라

4.

우주 불평등
: 개발은 과연 모두에게 좋은가?

시대에 따른
우주공간 의미 변천사

군사 대결과 기술데모의
우주개발 1세대

제2차 세계대전의 종식 이후 세계가 미국과 소련이라는 양극 체제로 재편되면서 이념과 군사 기술을 둘러싼 냉전 체제가 심화되었다. 이러한 상황에서 로켓 기술은 대륙간탄도미사일 개발로 연결되어, 우주를 장악한다는 말이 군사적 우위를 선점한다는 말과 직결되는 우주시대가 열렸다. 이 시기에 우주는 역사적 흐름과 맞물려 기술데모demonstration of capability, 즉 누가 먼저 더 멀리 더 정밀하게 도달하는가로 심리적 경쟁을 벌이는 장이 되었다.

전쟁 종식에서 10여 년이 지난 1957년 10월에 발생한 스푸트니크 쇼크는 미국에 충격과 공포, 전략적 위기감을 안겨주었다. 소련이 지름 58센티미터, 무게 83.6킬로그램의 스푸트니크 1호를 발사하는 데 성공하면서 미·소 우주 경쟁은 본격적 시작을 알렸다. 물론 양국은 그전에도 비밀리에 독립적으로 위성 프로그램을 개발했으나 실제로 인공위성을 쏘아 올릴 정도의 로켓을 확보한 적은 없었다. 이는 곧 대륙간탄도미사일로 핵폭탄을 쏠 수 있을지도 모른다는 뜻이었고, 미국은 엄청난 충격과 공포에 빠졌다.

소련이 과학·기술·공학 측면에서 미국보다 우월하다는 대중의 인식은 미국의 위상에 심각한 타격을 입혔다. 스푸트니크 쇼크는 미 항공우주국 나사 창설을 촉발했고 과학·기술·수학 교육의 대개혁과 우주 분야의 투자 확대를 일으켰다.

소련은 스푸트니크 1호 발사 후 스푸트니크 2호도 우주 궤도에 안착시켰는데, 여기에는 '라이카Laika'라는 개가 타고 있었다. 우주에 생명체를 보낸 것이다. 이후 1961년 4월 유리 가가린이 보스토크 1호를 타고 108분 동안 인류 최초로 지구 궤도를 도는 데 성공한 사건은 기술 이상의 상징적인 승리였다. 미국은 한 달도 되지 않아 앨런 셰퍼드Alan Shepard를 준궤도sub-orbital 비행으로 올려 보냈지만, 탈출속도에 다다르지 못하고 궤도를 한 바퀴 돌지 못한다는 점에서 궤도 비행이라 할 수 없었다. 1961년 5월 존 F. 케네디 대통령은 "1960년대 안에 인간을 달에 착륙시키겠다"라고 대담하게 선언했고, 미국의 아폴로 계획이 시작되었다.

'유인 달 착륙'은 미·소 우주 경쟁의 가장 주요한 쟁점이었다. 나사는 인간을 달에 보내기 위한 3단계 계획을 세웠다. 머큐리Mercury

(1958~1963), 제미니 Gemini (1961~1966), 아폴로(1961~1972)로 이어진 계획은 궤도 비행과 장기 우주 체류 기술을 확립하여 인간의 달 착륙과 귀환을 실현했다. 총 여섯 번, 열두 명을 달에 착륙시킨 아폴로 11호부터 아폴로 17호까지를 인류 역사상 처음으로 우주에 진입한 첫 세대로 본다.

소련도 인간의 우주비행과 달 탐사를 위해 다양한 시도를 했다. 보스토크에서 소유즈로 이어지는 유인 비행 시리즈를 비롯해, 달 탐사를 위한 루나 프로그램 Lunar program 을 진행하며 우주 경쟁에 국가 차원의 총력전을 펼쳤다. 실제로 루나 2호는 1959년 최초로 달에 충돌했고 1966년 루나 9호는 최초로 달에 착륙했으며 루나 20호와 24호는 각각 1972년과 1976년 달의 시료를 채취하여 복귀했다.

냉전 시기의 우주 경쟁은 1967년 '우주는 모든 인류의 자산으로, 국가가 소유권을 주장할 수 없다'는 우주조약 Outer Space Treaty 체결로 이어졌다. 우주조약은 이후 외기권에 발사된 물체의 등록에 관한 협약 Convention on Registration of Objects Launched into Outer Space 등을 주관하는 유엔의 COPUOS가 활동을 강화하는 계기가 되었다.

우주개발 1세대는 인간이 우주에 실질적으로 개입하면서 우주를 '물리적으로 개척 가능한 공간'으로 재정의하도록 한 시대였다. 과학의 진보와 냉전 시대의 경쟁이 뒤얽혀 있었지만, 이 시기 우주개발은 우주시대의 문을 여는 과학적·정책적 성과를 얻었다.

과학과 응용 개발의
우주개발 2세대

1975년 유럽에서는 프랑스·독일·이탈리아를 포함한 10여 개 나라가 연합을 이룬 유럽우주국이 창설되었다. 유럽우주국은 자체 로켓인 아리안Ariane과 위성 개발 체계를 만들었다. 우주개발 1세대가 냉전 시대 군비 경쟁 속에서 시작되었다면, 아폴로 계획이 성공한 이후에는 단순한 과학 실험을 넘어 우주 협력과 과학적·응용적 개발이 중심을 이루었다. 우주개발이 지구의 이해, 환경 감시, 통신망 구축, 재난 대응 같은 '생활을 위한 우주'로 진화한 것이다.

특히 행성탐사선이 본격화되면서 태양계와 우주에 관한 이해가 확장되었다. 나사와 유럽우주국의 다양한 무인탐사선이 태양계 천체를 직접 방문하고 관측하는 데 성공하면서, 행성·위성·혜성의 정보를 수집하고 태양계 구조의 입체적 모델링을 가능하게 하는 과학적 성과들이 나타나기 시작했다. 보이저 1호와 2호는 목성·토성·천왕성·해왕성 같은 행성들에 접근해서 행성 사진 수천 장과 자기장, 위성 정보를 수집했다. 보이저 1호는 240억 킬로미터까지 날아가 태양권을 벗어났다. 역사상 가장 먼 우주까지 진입한 인류 최초의 성간星間 탐사선이다.

지구 관측을 시작한 미국의 최초 다목적 지구관측위성 랜드샛LANDSAT과 프랑스의 스폿SPOT 시리즈는 우주망cosmic web을 구축하여 고해상도 이미지를 지구로 보냈다. 이 데이터들은 지구의 변화를 탐지했고, 농업·산림·도시변화·수자원 분석 등 실용 분야에 활용되는 위성 개발의 시작을 알렸다. 지구관측위성 외에도 인텔샛INTELSAT이나 인마샛INMARSAT 같은 국제 위성 통신망이 구축되면서 통신위성과 방송위성의 활용이 급증했다. 자연스럽게 상업통신위성 사업자들이 등장했고, 정부 주도하에 수익 기반의 위성 운영 모델을 따르는 우주산업 공급망이 생겨났다.

데이터 활용과 서비스 부문에서 민간 참여가 증가하면서 위성체나 탑재체 모듈, 지상국 장비 등 분야별 전문 제작기업이 성장했다. 고해상도 광학, 합성개구레이더Synthetic Aperture Radar; SAR, 적외선 센서 등 기술이 발달하고 컴퓨터 기반 운영 시스템이 진화하면서, 1980년대 말부터는 위성 플랫폼이 소형화되고 표준화되었다. 그러면서 우주개발은 국가가 독점하던 시대를 지나 민간이 진입하고 국제협력이 활발해지는 과학적·산업적 시기로 전환되었다.

우주에서의 긴밀한 국제협력은 앞으로도 더욱 중요해질 전망이다. 나사와 유럽우주국 등 각국의 우주개발기구는 국제우주정거장과 우주망원경 계획을 공동으로 추진했다. 국제우주정거장이야말로 과학과 협력의 상징이라 할 만하다. 또한 국제우주정거장에서 실시간으로 관측하는 지구의 기후변화나 자연재해 데이터는 환경보호나 재해 대응에 중요하게 활용된다.

우주는 산업적 활용 가능성이 무궁무진한 공간으로 변모하기도 했다. 최근에는 의약품 분야에서 우주가 큰 화제였다. 지구에서 중력은 단백질 구조를 정확하게 파악하고 결정을 만드는 것을 방해하여 바이오의약품 개발의 장벽으로 작용했다. 그런데 최근 우주의 미세중력 환경에서 결정화되는 단백질은 불순물이 잘 생기지 않아 구조를 더 명확하게 관찰할 수 있다는 사실이 밝혀졌다. 신약 개발 기간이 크게 단축되는 것이다.

우리나라는 1992년 과학위성인 우리별 1호를 발사한 것을 시작으로 1999년 다목적실용 위성인 지구관측위성 아리랑 1호를 발사했다. 1995년과 1996년에 발사된 무궁화호 1호와 2호는 통신·방송 위성으로 활용되면서 민간 활용 기반의 통신 서비스를 개시하기도 했다.

우주를 활용 대상으로 바라보는 시각과 더불어 지구와 우주를 연결하는 실질적 기술 인프라가 활발히 구축되면서, 우주개발 2세대에는 위성과 탐사선의 활용 범위가 넓어졌다. 나아가 오늘날 우주 지속 가능성의 핵심 구성요소인 데이터·거버넌스·기술 표준화의 토대가 놓였다.

민간이 참여하는 뉴 스페이스 시대,
우주개발 3세대

20세기 후반까지 우주개발은 기술·과학·국가 체계의 총력전 양상을 띠었다. 군사 중심의 과시적 기술 경쟁이 주된 목적이었기에 정부가 우주개발을 독점했고 민간의 참여나 공개적 운영에는 한계가 있었다. 정부가 우주개발을 주도하던 시대를 '올드 스페이스old space'라고 한다면, 이제는 민간이 우주개발을 주도하는 '뉴 스페이스new space' 시대다. 뉴 스페이스로 전환된 지금, 우주공간의 변화와 더불어 우주활동을 둘러싼 문제들은 어떤 방식으로 규율될까?

2000년대 후반부터 미국을 중심으로 우주산업 생태계는 민간기업이 주도하는 방향으로 급격히 변화했다. 우주 분야의 창업 활동이 폭발적으로 증가하는 등 새로운 우주 시장이 만들어졌다. 기술 발전과 시장 구조의 변화를 비롯해 정부의 규제 완화, 민간 우주 진출에 관한 사고의 전환은 민간 혁신의 시대, 뉴 스페이스의 등장을 이끌었다. 막대한 비용과 첨단 기술력이 필요한 우주산업이 민간 주도의 우주 상업화로 이어지면서 우주공간을 이용하고 개발하는 주체의 범위가 확대되었다. 뉴 스페이스란 단순히 민간기업이 우주산업에 참여하는 것을 넘어서, 기술·비용·운영 철학·사업 모델 전반을 '탈국가 중심'으로 바꾸는 패러다임 전환을 뜻한다.

냉전 종식 이후 나사, 유럽우주국 등 우주 선진국들의 우주기관은 예산 감소에 직면했다. '보다 효율적이고 비용이 적게 드는 대안'을 찾아 나서면서 정부가 보유한 로켓 기술, 위성 제어 알고리즘 등이 외부에 공개되고, GPS 항법 데이터나 지구 원격 탐사 데이터 플랫폼이 상업화되면서 기술의 민간 이전이 활성화되었다. 덕분에 실리콘밸리의 벤처 자본이 우주 스타트업에 유입되었고, 신흥 IT 자본과 결합하면서 우주개발의 혁신 속도가 빨라졌다. 더욱이 자율성이 강조되면서 우주는 국가의 전유물이 아니라거나 우주는 규제된 독점을 벗어나 경쟁과 혁신의 공간이 되어야 한다는 사상적 전환이 이루어졌다.

일론 머스크, 제프 베이조스Jeff bezos, 리처드 브랜슨Richard Branson 을 중심으로 한 민간기업들은 '우주 자본주의'의 혁신을 이끌겠다는 비전을 적극적으로 주장하면서 민간 우주경제 생태계를 형성해나갔다. 우주 분야에서 파괴적 혁신disruptive innovation 의 대표적 사례를 뽑으라면, 단연 재사용발사체를 개발한 스페이스X의 팰컨 9Falcon 9 일 것이다. 2002년 설립된 스페이스X는 2008년에 민간기업으로는 처음으로 액체연료 로켓인 팰컨 1을 발사하고 궤도에 진입시켰다. 또한 지금까지 우주발사체 1단을 스물한 번 회수해 발사체 재사용 횟수를 경신하기도 했다. 팰컨 9은 2010년 발사에서 드래곤Dragon 캡슐을 회수하는 데 성공했고, 2015년에 드디어 1단 로켓 수직 착륙에 성공함으로써 로켓 재사용 기술을 실현했다. 발사 비용을 60퍼센트 이상 절감한 혁신적 변화였다.

스페이스X는 로켓 설계, 위성 제작, 발사장 운영과 운영 소프트웨어까지 자체 개발하면서 단순히 발사체 제조사를 넘어 우주 인프라 플랫폼의 제공자로 진화했다. 재사용 발사 시장을 본격적으로 열면서 발사 비용을 획기적으로 줄인 스페이스X는 다양한 우주 접근과 지속적인 혁신으로 가격 경쟁력을 확보하면서 뉴 스페이스 시대를 견인하고 있다.

재사용이 가능한 최초의 궤도우주선인 우주왕복선은 1980년대 초반부터 사용되었지만, 소모품의 비율이 높고 애초 목표보다 발사 횟수가 낮다는 등의 이유로 2011년 7월 21일 퇴역했다. 우주왕복선은 주 엔진을 사용해 5~7명의 우주인과 2만 2,700킬로그램의 페이로드$_{payload}$*를 저궤도로 실어 나를 수 있었다. 한편 팰컨 9은 저궤도 임무에 2만 2,800킬로그램을, 정지천이궤도$_{Geosynchronous\ Transfer\ Orbit;}$ $_{GTO}$** 임무에 8,300킬로그램을, 화성까지는 4,020킬로그램의 페이로드를 실을 수 있다. 아폴로 계획에 사용된 개방형 액체 로켓엔진 기술을 응용하고 발전시킨 것이다. 현재 발사 단가가 가장 비싼 아틀라스 5호의 경우 저궤도까지 페이로드 단가가 킬로그램당 1만 3,000달러인 데 비해, 팰컨 9은 2,700달러 수준으로 매우 낮다. 팰컨 9의 재사용 기술로 스페이스X는 매출 총이익이 40퍼센트가량 증가했다.

스페이스X의 스타링크 프로젝트는 4만 2,000개 이상의 저궤도

---

*   로켓 안에 싣는 물건의 하중을 말한다.
**   지구에서 가깝게는 250킬로미터, 멀게는 3만 5,786킬로미터인 타원형 궤도로, 고도 3만 5,786킬로미터인 정지궤도에 진입하기 전에 거치는 중간 단계 궤도이다.

통신위성을 구축하여 우주 인터넷 시장과 군사 통신 인프라를 확장하겠다는 목표를 실행해나가고 있고, 2020년에는 민간 최초의 유인 우주선 크루 드래곤Crew Dragon 비행에 성공했다.

제프 베이조스의 블루 오리진Blue Origin 과 리처드 브랜슨의 버진 걸랙틱Virgin Galactic 도 뉴 스페이스 시대를 선도한 기업들이다. 블루 오리진은 수직 이착륙 시험선인 뉴 셰퍼드New Shepard 와 뉴 글렌New Glenn 발사체를 개발하여 민간 우주 관광을 시작했다. 현재는 저궤도에 민간 우주정거장을 개발하고자 오비탈 리프 프로젝트Orbital Reef project 를 진행하고 있다. 버진 걸랙틱은 항공기 모선으로 고고도high altitude 까지 오른 후에 우주선을 모선에서 분리해서 준궤도까지 비행하는 데 성공하면서 민간 우주 관광 시장을 개척했다.

최근에는 초소형 위성(혹은 큐브위성) 발사에 특화된 로켓 랩Rocket Lab 이 전자기발사체electro-magnetic launcher 일렉트론Electron 을 개발하고 있고, 통신위성기업 유텔샛원웹Eutelsat OneWeb*이 저궤도위성 통신망과 지구 관측, 3D 프린팅 기반 로켓 등 다양한 기술을 개발하고 있다. 더불어 플래닛 랩스Planet Labs, 파이어플라이Firefly 도 민간 우주 시장을 이끌고 있다. 아마존 역시 저궤도에 3,200기 이상의 위성을 띄워 인터넷 서비스가 부족한 전 세계의 많은 사람에게 빠르고 안정적인 고속 데이터 통신망을 제공하겠다는 '프로젝트 카이퍼'를 선언

---

* 2023년 프랑스의 유텔샛과 영국의 원웹이 합병되어 '유텔샛원웹'으로 거듭났다.

했다.

이처럼 저궤도에 군집위성을 띄워서 위성 통신 네트워크를 구축하거나, 큐브위성을 실어 나르는 저비용·고빈도 소형 발사체 시장이 확대되는 것, 혹은 개방형 우주 플랫폼의 등장으로 인공위성 제작 공정 패러다임이 전환되는 것까지 모두 뉴 스페이스 시대의 특징이다.

물론 정부가 아닌 기업도 우주활동의 주체로 인정하는 국가별 혹은 국제적 제도의 수립과 규제의 변화도 뉴 스페이스 시대를 가속하는 요인이다. 2015년 제정된 상업우주발사법에서 미국은 기업을 우주활동 주체로 명문화했고, 민간기업의 소행성 자원 채굴 권리를 인정했다. 이외에도 각국의 우주활동 허가 혹은 책임 규정이나, 국제전기통신연합International Telecommunication Union; ITU 을 통한 주파수 조율, 궤도 충돌 방지 체계에서 국가 간 라이선스 제도도 논의되고 있다.

민간기업들의 우주인식과 우수산업을 향한 기대감이 사회의 우주개발 인식 변화로 이어지면서 민간의 도약을 이끌고 있지만, 공공자산으로 공유되어야 할 우주상업이 독점화될 위험과 위기도 과제로 남아 있다. 법과 규범이 민간의 속도를 따라가지 못하면서, 우주 쓰레기 급증이나 책임 소재의 불명확성 같은 우주 지속 가능성에 관한 우려도 증가하는 실정이다. 그뿐만 아니라, 우주 분야의 선진국과 개발도상국 사이 기술 격차가 벌어지면서 우주개발 불균형도 심화되고 있다.

뉴 스페이스 시대는 단순히 민간이 참여한다는 의미를 넘어, 우주개발의 철학·기술·산업 구조 전반을 재정의해 나가고 있다. 스페이스X는 재사용 로켓으로 기존 비용 구조를 뒤흔들었고, 플래닛 랩은 지구를 하루에 수십 번 관측하면서 정보 비대칭을 해소해나가고 있다. 이러한 변화는 앞으로 더욱 가속화될 전망이다.

우주까지 뻗어나간 독점과 식민지

우주개발의 양면성

"모두를 위한 우주 Space for @ll", 2022년 국제우주대회 International Astronautical Congress; IAC 의 구호였다. 유엔의 외기권조약 Outer Space Treaty; OST , 국제우주정거장 협력 선언, 나사의 교육 캠페인, 민간기업의 미래 비전에서까지 '모두를 위한 우주'이라는 말은 가장 이상적이고 보편적인 진실로 통용되는 듯하다. 그러나 이 문장을 조심스럽게 들여다보면, 지금까지의 우주개발이 실제로 누구를 위한 것이었는지를 숨기는 서사의 장막이 보인다.

국제질서의 새로운 장에서, 인공위성과 궤도의 사용은 정치적·경제적 강대국들에 거의 독점되었다. 우주개발은 분명 인류 전체의 과학적·기술적 쾌거이나, 권력 공간을 재편하는 과정으로서 세계질서의 구조적 불평등이나 기술 접근의 편향성, 우주 자원의 선점과 같은 방식으로 감시와 통제의 위계를 강화하기도 한다. 미국·중국·러시아·유럽·인도·일본은 각자 독립적인 우주발사체를 보유하고 있고, 유인우주선 발사와 소행성 샘플링까지 가능한 기술력도 갖췄다. 그러나 현재 인공위성을 하나라도 발사한 나라 가운데 100여 개 이상은 자국 발사체가 없어서 타국의 발사 서비스에 의존해야 하고, 인공위성 제작 기술도 대부분 수입에 의존한다. 이는 단지 기술 격차의 문제라기보다 주권의 외주화에 가깝다. 게다가 궤도 슬롯은 국제전기통신연합에 등록된 국가별 요청 순서에 따라 배정되지만, 실제로는 거대 통신기업이나 군사조직이 선점하는 경우가 많다. 이러한 불균형은 인공위성 데이터의 접근, 통신망 구축, 감시 체계에서의 비대칭적 권력 구조로 이어진다.

지금까지 지구 궤도로 발사된 2만 2,000여 개의 인공위성은 미국이 61퍼센트로 단연코 가장 많은 수를 차지하고, 러시아가 17퍼센트, 유럽이 7퍼센트, 중국이 6퍼센트, 일본이 1.5퍼센트, 한국이 0.2퍼센트를 차지한다. 절대다수가 10개국 이하의 우주개발 선진국이 발사한 것이다. 위성 통신·항법·기후 감시·자원 탐사 등 지구에서 거의 모든 데이터 흐름을 인공위성에 의존하는 지금, '우주는 모두의 것'이라는 담론은 현실의 불균형을 미화하는 문구다.

21세기 우주개발의 가장 큰 특징은 단연 민간기업의 급부상이다. 스페이스X, 블루 오리진, 버진 오빗 Virgin Orbit 같은 기업은 단지 로켓을 쏘는 기업이 아니다. 정부가 못하던 혁신을 일으켜 우주 기반 생태계를 설계하고 소유하는 막강한 데이터 제국들이다. 하지만 그 이면에는 점차 우주가 사유화되고 민간기업이 제공하는 기술이 특정 국가 또는 계약자에게만 독점 제공되는 '우주로부터의 식민지화' 문제가 자리하고 있다. 예를 들면 스타링크 위성망이 지정된 국가에만 인터넷 서비스를 허용하거나, 군사작전 중단 요청에 따라 위성 데이터를 제한하는 것, 혹은 지구관측위성 기업들이 국가에 따라 위성 이미지 해상도 제공에 차별을 두는 것처럼 우주 기술은 점점 권력화되고 있다. 개발도상국은 위성 발사도, 데이터 확보도, 궤도 운용도 스스로 하지 못하여 점점 더 기술 중심 국가에 의존하게 되고, 이는 곧 '디지털 주권 digital sovereignty'을 넘어서 '우주 주권 space sovereignty'을 새로운 국제적 이슈로 부상시킨다.

우주는 데이터의 보고다. 정지궤도위성은 수십 년간 지구의 기후를 감시하고 예측 모델을 훈련해왔다. 저궤도위성은 하루에도 수천 번씩 전 세계 주요 도시의 고해상도 이미지를 촬영한다. 위성항법시스템은 밀리미터 단위의 정밀위치 정보를 제공하며, 통신위성은 국경을 초월하여 정보를 전달한다. 그러나 이러한 기능의 혜택은 모두에게 돌아가지 않는다.

군사정찰위성의 데이터는 대부분 비공개이며, 상업용 고해상도 위성 이미지도 일부 국가나 기업에만 판매하도록 제한된다. 즉, 우주의 '감시 권력'은 감시당하는 자들에게는 접근되지 않는다. 특히 기후변화·농업 재해·해양 주권·재해 감시 같은 위성 데이터는 생존과 직결되는 정보인데, 이러한 데이터 접근권도 일부 우주 선진국들이 독점하면서 새로운 차원의 불평등을 낳고 있다. 그래서 많은 국가가 우주개발 전략을 세우면서 '기술 독립'을 강조하고 있다.

우주는 국가 경쟁의 무대이자 자원의 최전선이며, 동시에 인간의 상상력이 확장되는 공간이다. 하지만 현실의 우주는 우주 선진국 중심의 기술 생태계에 귀속되고 있다. 우주는 점점 더 기술을 가진 소수 국가와 기업에 점유될 테고, 기술 접근권·데이터 주권·궤도 접근권·자원 소유까지 모든 요소가 우주개발의 이면으로 나타날 것이다. 우주탐사가 달과 화성을 넘어서는 지금, 우주개발의 낙관주의를 넘어서고 그간 놓친 질문들을 꺼내어 진정으로 '모두를 위한 우주'로서 새로운 우주시대를 만들어가야 한다.

경쟁을 시작한 불균형의 씨앗

1957년 10월 4일 소련에서 발사된 세계 최초의 인공위성 스푸트니크 1호는 작고 둥근 금속구로, 그 자체로는 단순한 실험체에 불과했지만 국제정치의 흐름을 단숨에 바꿔놓았다. 곧이어 미국은 익스플로러 1호를 발사하고 항공우주국 나사를 창설했다. 양국은 냉전에서 시작된 기술 무대 위에서 우주를 국력의 척도 삼기 시작했다.

냉전 시기의 초기 우주개발은 기술 경쟁의 일환이었지만, 동시에 체계적인 불평등의 출발선이기도 했다. 선도국들은 우주발사체 기술을 빠르게 독점했고, 자국의 자원을 총동원해 지구 저궤도뿐만 아니라 정지궤도와 달, 다른 행성까지 우주탐사를 이어갔다. 반면 후발국들은 우주를 감상하거나 데이터 수신소로만 참여하는 간접적인 역할에 그쳤다. 이 시점에서 이미 '누가 먼저 가느냐'는 이후 '누가 멀리 갈 수 있느냐'의 결정적 변수가 되었다.

우주는 지구 대기권 바깥 100킬로미터 지점(카르만 라인)을 넘어선 공간이다. 과학적으로는 모두에게 열려 있지만, 현실적으로는 발사체를 개발하거나 임차하지 못한 국가라면 도달할 수 없다. 즉, 우주 진입은 물리적 한계보다 정치적·기술적 제약으로 결정된다. 우주개발은 기술 중심 산업이다. 기술은 단지 실행 수단이 아니라, 국가의 독립성과 존엄을 보장하는 주권 자산이다. 특히 우주 기술은 다른 기술과 달리, 접근 가능한 국가와 불가능한 국가 사이의 격차가 심각하게 벌어진다.

우주 기술 격차는 돈과 시간으로 결정되는 문제가 아니다. 일찍부터 수집한 경험과 실패 사례, 노하우로 반복 학습을 적용하면 기술은 더욱 정교해지고, 결과적으로 실패 비용에 격차가 생긴다. 이것이 우주 기술 격차의 본질이다. 대부분의 우주 기술은 민간 구매가 불가능하거나 수출통제 적용 대상이기 때문에 공급망 자체가 폐쇄적이다. 이러한 특성 때문에 우주 기술을 개발하려는 후발국은 단순히 더 노력한다고 해서 같은 위치에 도달하지 못한다. 오히려 기술 종속의 함정에 빠진다.

우주 기술 자립이 가능하려면 수직 통합 구조를 실현시켜야 한다. 발사체·위성체·탑재체·지상국·소프트웨어 및 시뮬레이션 기술까지, 위성 한 대를 만들고 궤도에 올려 작동시키는 데 필요한 모든 기술을 한 나라 혹은 하나의 복합체 내부에 통합시켜야 한다. 그러나 대부분의 국가는 이 가운데 한두 요소만 부분적으로 확보한 상태라, 나머지는 수입하거나 외부에 불가피하게 의존한다.

발사체의 핵심인 엔진과 터보펌프 기술, 초고온 합금과 복합재 같은 재료와 제조 기술, 고신뢰도의 임베디드embedded 비행 시스템*과 항법 소프트웨어는 검증 시스템이 없으면 쉽게 접근할 수 없는 분야다. 그뿐만 아니라 대형 연소시험장, 진동·음향 챔버, 극저온·열진공 종합시험평가 인프라 구축과 안전 인허가에서도 막대한 격차가 생긴다. 특히 우주발사체 발사장의 지리적 조건이나 인프라는 하루아침에 만들어지지 않는다.

2025년 기준, 독립적인 발사체를 보유한 국가는 11개국 정도이다. 발사체 보유국이란 위성이나 미사일 같은 탑재체를 우주로 쏘아 올리는 로켓 기술을 공식적으로 확보한 국가를 의미한다. 미국·러시아·중국·프랑스·인도·일본·이스라엘·이란·북한 등이 대표적

---

* 임베디드 시스템이란 말 그대로 내장형 시스템이라는 뜻으로, 특정 기능을 수행하기 위해 기계나 전자제품에 내장된 프로그램을 말한다.

인 발사체 보유국이다. 그중에서도 자국에서 자국의 발사체로 자국의 실용급 위성을 지구 궤도에 올려놓을 수 있는 자체 위성 발사체 운용국은 더 손에 꼽힌다. 그중에서도 미국과 중국은 독자적인 초대형 발사체 팰컨 헤비 Falcon Heavy 와 창정 5B호를 이용해 유인우주선과 대형 정지궤도위성 발사, 심우주 탐사 임무까지 감당하고 있다.

왜 후발국은 우주로 가기 어려울까?

우주 선진국들은 일찍부터 수집한 경험과 실패 사례, 노하우로 우주 기술을 더욱 정교하게 다듬고 혁신을 이끌었다. 이러한 혁신이 양면성을 띠는 이유는, 우주 기술이 이중 용도로 사용될 수 있기 때문이다. 즉 우주 기술은 군사용으로 전용이 가능하다. 통제되거나 기술이전이 억제되는 경우도 비일비재하다. 또 고성능 부품이나 원천 기술은 수출통제 대상이 되는 경우가 많고, 민간 구매가 불가능한 폐쇄성 때문에 구조적으로 기술 격차가 고착될 수밖에 없다. 이러한 격차는 단순히 시간이나 노력으로 따라잡을 수 있는 문제가 아니며, 우주 개발에 후발 진입한 국가·기업을 기술 종속의 함정에 빠트린다.

가장 강력한 장애물은 국제수출통제 체제였다. 우리나라도 미사일기술통제체제 Missile Technology Control Regime; MTCR 에 가입되어 있다.

미사일기술통제체제는 1987년 미국 주도로 캐나다·영국·프랑스·독일·이탈리아·일본을 포함하는 G7이 시작한 비공식 협정이었다. 주된 목적은 회원국과 비회원국 사이 미사일 기술과 부품 거래를 금지하는 것으로 미사일과 우주 기술 확산을 막으려는 설계였다.

우리나라는 2001년 한미 미사일 사거리 지침을 변경하면서 가입했고, 사거리 300킬로미터 이상, 탑재량 500킬로그램 이상인 모든 미사일과 운반체의 수출과 기술 이전을 통제받았다. 고체연료발사체 개발에 제한을 받은 것이다. 여기에 미국의 무기수출규제 법령인 국제무기거래규정 International Traffic in Arms Regulations; ITAR 의 통제까지 더해지며 기술 종속이 고착화되었다. 이는 국방 관련 미 군수품의 수출입 목록을 통제받는 규정인데, 미국산 부품이 들어간 위성이나 우주선의 발사체에 제한을 가한다. 쉽게 말해 우리나라가 만든 인공위성이라 할지라도 미국 기술이나 부품이 들어갔다면, 미국의 허락 없이 쏘아 올릴 수 없다. 많은 국가가 미국 기업의 부품이 섞인 인공위성을 중국이나 러시아 발사체로 발사하지 못하는 이유가 바로 이 규제 때문이다.[*]

일부 국가는 선진국과의 협력으로 기술을 이전받을 수 있으리라 기대하기도 하지만, 이때도 대부분의 기술은 '블랙박스'처럼 설계

---

[*] 우리나라는 2022년 6월 21일 누리호를 발사하면서 자력으로 위성을 발사하는 데 성공했지만, 미사일기술통제체제에 따라 미국산 부품이 들어간 위성을 미국 이외 나라의 발사체로 이용하려면 허가를 받아야 한다.

원리나 원천 알고리즘이 가려진다. 핵심 인력의 연구소 접근도, 핵심 알고리즘의 접근도 철저히 보안으로 통제된다. 최근에는 우크라이나 전쟁, 미·중 기술 패권 경쟁으로 미국의 우주 기술 수출통제 강화가 국제사회에서 어떻게 작용하는지 드러났다. 미국은 중국에 반도체·항법·부품 수출을 제한하는 조치를 강화했고, 중국도 보복으로 희토류 금속이나 위성용 부품 공급을 제한하면서, 양국의 갈등에 제삼자 국가들이 피해를 보는 현상이 다수 발생했다.

우리나라는 2022년 6월, 우리 땅 나로우주센터에서 우리 손으로 자체 개발한 '누리호'로 위성 발사에 성공하면서 세계 일곱 번째 위성 발사체 보유국이 되었다. 국산 위성 개발 부품의 비율을 80퍼센트까지 늘리고, 정부 주도하에 민간기업의 참여를 유도하면서, 연구기관과 대학 중심으로 실용위성 기술과 과학위성을 개발하는 등 독자적 기술을 확보하고자 노력하고 있다. 그러나 여전히 핵심 고급 센서와 알고리즘, 대부분의 위성 발사를 타국에 의존하고 있다. 이는 우리나라가 위성을 설계하고 개발해도 원하는 궤도에 올려놓으려면 해외 발사 서비스를 이용해야 한다는 뜻이다. 이마저도 발사 윈도우와 가격을 고려하면 발사 대기에만 1년 이상 소요되는 경우가 많다.

우리나라를 포함한 일부 국가는 기술 종속에서 벗어나 독자적 기술을 확보하기 위해 계속 노력하고 있다. '독자적'이란 말은 '고립'이라는 의미가 아니다. 전략적으로 핵심은 스스로 만들고, 나머지는 상호운용으로 묶는 방식으로 설계하여 가장 실용적으로 접근하자는 뜻이다. 모든 것을 다 스스로의 힘으로 할 필요는 없다. 국가 위험을 좌우하거나 산업적 파급력, 인재 생태계를 좌우하는 분야를 우선시하면 된다. 그리고 그 시작을 늦춰서는 안 될 것이다.

우주 기술의 독점과 종속은 지금의 불균형 문제를 넘어 미래세대의 주권적 선택지를 제한하는 심각한 구조적 위협이다. 우주 기술 불평등을 해소하기 위해서는 우주개발의 기술 주권을 필수적으로 확보해야 한다.

기술과 정보의
사다리 걷어차기

오직 일부를 위한 우주 인터넷

뉴 스페이스 시대를 견인한 대표적인 기술은 단연 우주 인터넷space-based internet이다. 광케이블이나 기지국에 기반해서 통신을 제공하는 지구 기반 통신망과 달리, 우주 인터넷은 지구 궤도에 위치한 수백 수천 기의 위성군을 이용해서 지구 전역에 무선통신망을 제공한다. 일론 머스크가 러시아와의 전쟁으로 인터넷이 원활하지 않은 우크라이나에 우주 인터넷 위성 스타링크 서비스를 제공하면서 중요성이 더욱 부각되기도 했다.

  스타링크는 약 4만 개의 소형 위성을 저궤도에 발사하여 지구 전역에서 이용할 수 있는 초고속 인터넷 서비스를 구축하려는 스페이스X 주도의 사업이다. 2019년 5월 24일 첫 발사 이후 2025년 6월 기준 8,800여 기를 발사하여 총 7,300여 기의 위성을 운용 중이다.

2025년에만 총 35회에 걸쳐 1,300여 기가 발사되었다.

스타링크 위성은 고도 360~550킬로미터 부근의 저궤도에서 운영된다. 기존에 위성 통신 서비스를 제공하던 정지궤도위성은 고도 3만 6,000킬로미터에서 수천 개가 90여 분에 한 바퀴씩 지구를 돌며 지나간다. 통신과 방송 신호를 안정적으로 주고받는 데는 정지궤도위성이 유리하지만, 저궤도위성은 정지궤도위성보다 지상과의 통신 지연을 줄이면서도 넓은 커버리지coverage를 제공할 수 있어서, 글로벌정보통신Information&Communication Technology; ICT 서비스에 더 적합하다. 정지궤도위성은 세 기가 있으면 지구 전역을 커버할 수 있다고 하지만, 북극·남극·사막 등 사각지대가 존재한다. 한편 저궤도에는 위성 수백에서 수천 기를 극궤도를 포함한 다양한 곳에 배치할 수 있어서 지구 전 영역을 균등하게 커버한다. 기존 인프라 사각지대의 정보 격차를 해소할 수 있다는 점에서 우주 인터넷에 매우 적합하다.

통신 신호가 지구에서 위성까지 왕복하는 데 정지궤도는 600밀리세컨드millisecond; ms 이상이 걸리지만, 저궤도위성은 30~50밀리세컨드 수준으로 최대 스무 배 이상 지연시간을 대폭 감소한다. 신호는 거리가 멀수록 감쇠attenuation가 심해지고, 고주파일수록 대기권을 통과할 때 손실loss이 커지는데, 정지궤도에서 고주파를 전송하는 경우 강우에 의해 감쇠가 생기는 등 외란에 취약하다. 저궤도 우주 인터넷 서비스는 속도가 광케이블에 근접하면서 기존 지상 인터넷과의 호환성도 높고, 통신 신호 지연시간도 짧아서 실시간 원격제어 같은 서비스에 훨씬 적합하다. 실시간 응답이 중요한 영상통화나 드론 통제, 긴급재난 시스템에서는 정지궤도위성 통신보다 저궤도위성 통신이 훨씬 효율적으로 작동한다.

저궤도에서 인터넷을 연결하던 위성이 통신 가능한 범위를 벗어나면, 차례로 다가오는 위성에 신호를 핸드오버hand-over*하는 방식으로 연결을 유지한다. 사용자가 위성에 특정 서비스 요청 신호를 보내면, 위성이 지나가는 지역에 구축된 지상 게이트웨이에 신호를 전달한다. 게이트웨이가 해당 서비스와 관련된 신호를 불러와 위성에 보내면 위성은 이를 다시 사용자에게 전달한다. 만약 게이트웨이가 없는 지역이라면, 위성 간 레이저링크laser link** 기술로 지상 게이트웨이 접속이 가능한 위성에 서비스 요청 신호를 전달한다. 지상에 위성 통신 신호를 받는 소형 안테나와 무선 인터넷 액세스포인트Access Point; AP 역할을 하는 셋톱박스가 갖춰지면 광통신망이나 기지국, 중계기 같은 기존 인프라가 없어도 무선 통신이 가능하다는 것도 장점이다.

그런데 이러한 우주 인터넷도 불균형 구조를 포함한다. 우주 인터넷 서비스를 제공하는 조건과 데이터 흐름을 민간기업이 지정하

---

* 서비스 중인 기지국의 영역을 벗어나 인접 기지국으로 이동할 때, 통화나 인터넷 연결을 유지하도록 신호를 자동동조하는 기술을 말한다. 지상 통신 시스템에서는 사용자의 이동에 의해, 위성 통신 시스템에서는 위성의 이동에 의해 핸드오버가 발생한다.

** 저궤도에 있는 두 위성 사이에서 레이저를 이용해 데이터를 주고받는 기술을 말한다.

기 때문이다. 예를 들면, 스타링크 서비스는 러시아·중국·이란 등에서는 제공받을 수 없다. 군사 충돌 지역에서도 접속이 제한될 수 있다. 또한 고객의 통신 데이터가 기업 서버에 집적되면서 민간기업이 타국의 통신망을 독점하거나 정치적 상황에 따라 접속을 차단할 구조적 위험을 내포한다. 즉, 우주 기반 인터넷 서비스에 따른 기술적 연결이 감시와 통제의 구조로 작용할 가능성이 다분하다.

고해상도 지구관측위성을 운영하는 기업들도 마찬가지다. 이 기업들은 위성으로 지구의 거의 모든 지역을 매일 촬영한다. 다양한 데이터를 확보할 수밖에 없고, 고해상도 이미지를 일부 정부나 지정된 고객에게만 판매한다. 만약 지구관측위성이 타국 기업 소유라면 정부는 자국 영토조차 실시간으로 접근할 수 없는 상태가 되고, 전쟁이나 기후위기 상황에서 데이터 접근권이 임의로 차단될 위험도 있다. 감시 권력의 민간화가 자국 영토에서 벌어지는 사건에 관한 정보 주권 상실을 초래하는 것이다.

민간 우주기업이 우주산업의 효율성과 혁신을 이끌어낸 중요한 주체라는 점은 분명하다. 그러나 우주의 미래를 민간시장에 온전히 맡긴다면, 우주공간은 결국 지구의 경제 질서를 복제한 채 확장될 뿐, 우리가 꿈꾸는 모습이 아닐 가능성을 염두해야 한다.

'먼저 차지하는 자'의 권력

국가나 민간이 위성을 운영하려면, 국제전기통신연합에 '궤도 슬롯'과 주파수 대역을 등록해야 한다. 사용할 수 있는 위성 궤도와 주파수는 한정되어 있기 때문에 유엔 산하 전문기관인 국제전기통신연합에서 국제적 관리가 필요한 인류 공동자원으로서 궤도 슬롯을 관리한다. 부동산으로 비유하자면 위성은 유형의 건축물이고, 궤도와 주파수 사용권은 무형의 토지 사용권에 해당하는 셈이다. 국제전기통신연합은 글로벌 차원에서 전파 스펙트럼과 궤도 자원을 관리하는 유일한 기구다.

국제전기통신연합은 수백만 달러 규모의 위성 시스템 사업자들이 전파 방해 없이 수십억 명에게 서비스를 제공하도록, 또 위성이 수명을 다하기까지 원활히 운영되도록 중요한 역할을 수행한다. 이를 위해 위성 및 지상파 주파수 할당을 기록하는 데이터베이스인 국제주파수등록원부Master International Frequency Register; MIFR 를 유지하고 관리한다. 국제주파수등록원부에 등재된 주파수는 국제적 차원에서 보호받으며, 위성 운영자는 이를 근거로 권리와 의무를 명확히 할 수 있다. 특히 통신용 위성은 필수로 등록해야 한다.

국제등록이 완료된 궤도와 주파수는 제원諸員 에 변동이 없는 경우 영구적으로 사용할 권리를 갖는다. 신규 위성망의 유해 간섭으로부터 보호받는 기술적 조정 활동도 위성의 수명이 다할 때까지 지속된다. 사실상 먼저 점한 궤도는 해당 국가의 전파 자원으로 간주되는 셈이다. 즉 우선 신청주의 원칙에 따라 일찍 등록한 국가가 먼저 점유한다. 이론상으로는 공정한 제도처럼 보이지만, 실제로는 선진국들이 1980~1990년대에 집중적으로 등록하면서 궤도 독점화가 고착화되었다. 이미 위성을 등록한 선발 국가의 경우 기득권을 포기하지 않을 터이므로, 후발 위성망이 선발 위성망으로부터 원하는 조정 동의를 얻기란 상당히 힘들다.

국제등록 제도는 선점주의, 즉 '일단 등록하고 보자'는 식의 구조적 문제를 안고 있다. 선진국과 거대 기업은 수백에서 수만 개의 궤도 슬롯을 미리 신청해서 점유해놓고 실제로는 일부만 사용하기도 한다. 실제로 사용하고 있는지 감시가 이루어지지 않기 때문에 많은 궤도가 등록 후 몇 년 이상 사용되지 않고 방치된다. 궤도를 신규로 등록하려면 기존 슬롯 간섭 여부를 입증해야 하는데, 우주상황인식 시스템이 없는 개발도상국은 이를 증명하기도 어렵다. 신규 등록의 진입 장벽은 갈수록 높아진다.

국가 간 분쟁이 생겼을 경우 우리 위성망이 국제주파수등록원부에 등록되어 있다면 법적인 우선권을 가지고 대응할 수는 있지만, 그렇다고 타국이 우리 위성망을 알아서 보호해주지는 않는다. 결국 국제등록을 했더라도 신규 위성망이 제기하는 혼선에서 확보된 위성망을 지키려는 노력이 필요하다. 더군다나 현재 대규모 위성망을 구축하고 있는 사업자들은 수천 기의 위성을 띄우면서 궤도와 주파수 대역을 선점했다. 스페이스X의 스타링크는 약 4만 2,000기 규모의 위성 운영을 목표로 하며, 이미 수천 기를 발사해서 궤도와 주파수 대역을 점유했다. 당연한 수순으로 후발 위성들은 주파수 간섭과 충돌 가능성으로 인한 진입 장벽에 부딪혔다.

위성을 많이 운용하는 궤도는 고도에 따라 저궤도(약 200~2,000킬로미터), 중궤도(약 2,000~2만 킬로미터), 정지궤도(약 3만 5,786킬로미터)로 분류할 수 있다. 2025년 기준 운용 중인 위성 1만 3,000기 가운데 93퍼센트 정도가 저궤도, 4.5퍼센트 정도가 정지궤도에 자리하고, 중궤도와 그 외의 궤도에 나머지가 존재하는 것으로 파악된다. 인공위성은 저궤도 가운데서도 고도 500~600킬로미터에 압도적으로 집중되어 있다. 그중에서도 미국의 위성이 거의 1만여 기로 77퍼센트의 점유율을 갖는다. 그다음으로는 중국이 1,200여 기로 9퍼센트, 러시아가 330여 기로 2.5퍼센트, 유럽우주국이 70여 기로 0.5퍼센트, 일본이 100여 기로 0.7퍼센트, 우리나라가 30여 기로 0.2퍼센트 정도를 차지한다.

저궤도에서의 위성 점유율은 국가별 불평등 지표로도 볼 수 있다. 우주 궤도와 주파수 대역은 법적 등록 구조를 이용한 불평등한 '조용한 점유지'가 되어버렸다. 정지궤도의 경우 이미 80퍼센트 이상을 미국과 중국, 유럽연합이 점유하고 있다. 우주로 가는 길은 기술적 문제를 넘어 접근권과 기회, 주권과 투명성, 책임성이 얽힌 국제질서의 구조적 문제다. 이는 우주가 정말 모두에게 평등하게 진입할 수 있는 길인지, 자본과 기술로 울타리 지어진 선택적 공간인지를 보여주는 중요한 사례다.

각국은 급증하는 위성 수와 확대되는 위성 통신 시장에 대비해 관련 제도를 신설하고 개편하고 있다. 미국은 2023년 4월 위성의 주파수 독점 방지, 선·후발 사업자 간 공정 경쟁과 상호조정 등 비정지궤도위성* 간 주파수 공유spectrum sharing 제도 방안을 마련했다. 연방통신위원회 Fedral Communications Commission; FCC 는 위성 및 우주 기반 통신 정책과 규제를 재설계하고자 연방통신위원회 내에 우주국을 설립하기도 했다. 영국도 2022년 11월 위성 통신 주파수 확보, 저궤도위성 통신 승인과 운용, 서비스 공존을 포괄하는 '우주 스펙트럼 전략space specturm strategy'을 발표했다.

우리나라도 국제전기통신연합의 국제등록 순서에 따라 우선권이 부여되는 국제규범 원칙을 전략적으로 고려해서 국내 위성망을 선제적으로 확보해야 한다. 위성 개발 단계부터 위성망 확보와 조정, 위성 주파수 공급을 통합적으로 관리하는 체계를 갖춰야 한다. 국내에서도 궤도와 주파수 대역을 고려하여 주파수 사용권을 공유하고, 혼선이 발생할 경우의 상호조정과 운용 전략을 마련하여 주권 보호를 해내가야 한다.

악한 의도는 아니었을지언정 우주에서의 불평등은 규칙의 빈틈

---

*   정지궤도를 제외한 다른 궤도를 사용하는 위성을 말한다.

과 제도의 결과에 따라 자연스럽게 고착화되었다. 그럼에도 각 국가가 위성 궤도와 주파수 자원을 효율적으로 관리하고 공정하게 활용하고자 새로운 규제와 관리 방안을 모색하고 있다는 점은 희망적이다. 위성 간 간섭 문제를 해결하고 새로운 위성 주파수 기술을 개발하려는 국제협력도 강화되고 있다. 우주가 먼저 차지한 자의 권력을 강화하는 공간이 아니라, 한정된 자원을 효율적으로 이용하고 기술 발전으로 인류에게 더 나은 미래를 제공하는 영역이 되도록 앞으로도 제도적·기술적·외교적으로 가능한 수단을 찾아내야 한다.

우주 접근권은 우리 모두의 문제다

우주 접근권은 우주공간의 자유로운 탐색과 이용을 보장하는 권리로, 1967년 우주조약에서 국제적으로 인정되었다. 이 원칙에 따르면 어떤 국가도 우주공간을 국유화할 수 없고, 모든 국가는 우주에 자유롭게 접근하여 탐색하고 이용할 수 있다. 다만 이때 우주활동은 다른 국가의 권리를 침해하지 않고, 모든 국가의 이익을 위해야 한다.

그러나 실제로 '우주는 인류의 공동자산'이라는 말은 이상적 가정에 불과하다.

우주 접근권은 단순히 로켓을 쏠 수 있는 권리에 국한되지 않는다. 발사부터 운용, 데이터와 서비스 활용까지 이어지는 전 주기의 접근성을 포함하는 개념이다. 즉 한 국가나 조직이 로켓을 발사하고, 궤도와 주파수 자원을 활용해 지상국을 운용하며, 데이터를 활용해 서비스 시장에 차별 없이 접근하는 권리이자 능력이다. 이러한 부분까지 고려하면 결국 우주에 자유롭게 접근하거나 이용할 수 있다는 우주조약 제1조는 형식적 권리인 셈이다. 실질적으로는 기술력과 자본력이 있는 소수 주체(기업 혹은 국가)에만 접근이 허용되며, 기회가 비대칭적으로 기울어 있다.

실질적으로 우주에 접근하기 어려운 이유로는 먼저 '기술 문제'가 있다. 발사체·위성 개발에 필요한 인프라와 부품을 물리적으로 갖추지 못한 주체가 있고, 또 이를 제작하고 조립을 시험하는 일정한 틀이 부재한 주체도 있다. 정밀 부품과 시험 인프라는 초기 진입 비용이 높다.

앞에서도 설명했듯이, 특히 고성능에 안보와 연계된 민감 품목은 여전히 국제무기거래규정의 제재를 받는다. 예를 들면 중국의 발사체를 사용하지 못하도록 한다거나, 제재국의 발사를 거부한다거나, 미승인된 제3국으로의 이전을 제한하는 등의 제약이다. 우리나라 위성도 국제무기거래규정 품목이 소량만 포함되어도 발사와 이전 모든 과정에서 미국의 승인을 받아야 한다. 우주 기술 대부분은 민군 이중 용도로 분류되어서 기술 이전이나 수출, 공유를 제한받는데, 이때 순수 민간 프로젝트도 수출통제 적용 대상이 되는 일이 잦다. 게다가 우주발사체와 인공위성 같은 하드웨어를 갖추었다고 해도, 제도적 접근권이 없다면 소용없다. 그런데 국제전기통신연합의 궤도 위치 조율 권한은 조정 수준에 머물러 있는 데다, 각국의 국내법에 따른 우주 통신망 규제 역시 불균형을 내포한다.

'데이터 접근 불균형'과 관련해서는 지구 관측 데이터나 우주상황인식 데이터, 기상·항법 데이터 같은 핵심 데이터가 소수 공급자가 보유하는 플랫폼에 종속되어 있다는 문제가 있다. 공급자는 데이터 주권과 보안 명분으로 고해상도 데이터를 공개하지 않을 수 있고, 우주상황인식 정보 중에서도 정찰위성이 제공하는 안보 목적의 정보는 보안 자료로 분류되어 공개되지 않는다. 독점 정보인 경우에는 데이터 보유자가 가격과 정책에 결정력을 가지므로 데이터 주권과 보안이 강화된다. 소수 공급자 중심의 플랫폼에 종속되면 개발도상국은 재난이나 환경 감시 역량을 상대적으로 박탈당한다. 분쟁이나 제재 시 공공서비스 예측도 불가능해진다. 이는 우주 접근권의 제약과 불평등을 동시에 드러낸다.

아직까지는 유엔 차원에서 개발도상국과 중소 스타트업, 대학이 소형 위성이나 큐브샛 같은 저비용의 단주기 위성으로 궤도를 경험해 볼 수 있도록 조정한다. 하지만 언제든 규제와 제약이 가해질 수 있다. 특히 후발주자들은 금융과 보험 분야에서 격차가 벌어질 수밖에 없다. 우주 프로젝트에 필요한 자금을 적시에 적정 비용으로 조달하지 못하면 금융 격차가 발생하고 이 격차는 갈수록 커진다.

보험 분야에서는 발사와 궤도 운용 같은 핵심 위험에 보장 자체가 없거나, 한도가 너무 낮아서 사실상 보험 가입과 이용에 큰 의미가 없는 경우가 있다. 발사 보험은 발사부터 궤도 안착까지, 궤도 보험은 기능 상실이나 성능 저하에 따른 위험을 보장하는데, 후발주자들은 표본 수가 적고, 데이터가 부족해서 접근에 제한을 받기도 한다. 우주 분야의 금융과 보험 격차는 단순히 자금이 부족해서가 아니라, 데이터의 부족과 연쇄 위험, 책임 귀속의 불명확이 얽힌 시스템 문제다.

이처럼 우주 접근권 불평등에는 우주 기술과 지식의 격차, 제도와 행정의 역량, 데이터와 플랫폼의 종속, 금융과 보험의 격차가 동시에 작용한다. 우주 접근권을 단순히 위성 발사로만 한정 짓지 않고, 전 주기 접근성으로 확대해서 불평등을 완화해야 하는 이유다.

우주 접근권은 우리 일상에도 깊게 연관되어 있다. 우리는 기상 재난 대응을 우주 인프라에 의존하는데, 우주 접근권에 제약이 걸릴 경우 민간 인프라와 서비스가 가장 먼저 타격을 받는다. 우주 접근권에 따른 안보 문제는 정부만의 일이 아니다.

선진국과 우주 강국은 자국만의 보호장치를 보유하고 있다. 반면 개발도상국은 우주에서 방어조차 어려운 약자다. 소수의 나라와 기업만이 실질적인 우주 접근이 가능하다면, 재난과 분쟁의 피해는 취약한 지역에 집중될 것이다. 하지만 문제는 연쇄적으로 세계로 뻗어 나간다. 우주 위기는 통신 마비나 GPS 오류, 금융 장애와 같은 지상 위기로 전이되기 때문에, 실제 피해는 국경을 넘어선다.

접근권의 격차가 규범 준수 유인을 악화시킨다면, 우주의 안전도 나빠질 수밖에 없다. 다수의 참여자가 상호운용하며 협력할 때 기술 발전은 빨라지고 독점 위험도 줄어든다. 우주를 군사·경제 패권을 펼치는 공간이 아닌 인류의 공공영역으로 재정의하는 제도적 틀이 반드시 필요하다. 우주를 개방과 공유의 영역으로 더 넓게 접근할 때라야 공정성의 문제를 넘어 안전한 우주활동까지 보장할 수 있을 것이다.

5.

우주의 평화적 이용
: 다자간 공평한 공존은 가능한가?

'우주의 평화적 이용'이라는 모호한 정의

우주안보와 국가안보

매년 유엔우주업무사무소 UN Office for Outer Space Affairs; UNOOSA 에서 주관하는 COPUOS에 참석하고 있다. 유엔우주업무사무소는 1957년 러시아가 인류 최초로 인공위성 스푸트니크호를 지구 궤도에 발사하는 데 성공한 것을 계기로 우주라는 새로운 공간에서의 국제적 활동 규범을 논의하고자 결성된 유엔의 사무국이다. 유엔우주업무사무소는 1967년 외기권조약을 비롯해 구조협약 rescue agreement (1968년), 책임협약 liability agreement (1972년), 등록협약(1975년), 달 협정 moon agreement (1979년) 등 다섯 개 국제조약을 마련했고, 매년 오스트리아 비엔나에서 과학기술소위원회(2월), 법률소위원회(4월), 본회의(6월)를 개최하고 있다.

    유엔우주업무사무소는 기본적으로 우주의 평화적 이용과 국제협력 증진을 논의하는 장이다. 그런데 많은 부분이 설립 이후에 논의가 시작되어 지금까지도 진행 중이다. 이유가 무엇일까? 위원회의 결정이 전원 합의제로 운영되기 때문이다. 심지어 아직도 논의 시작점에 관한 논의가 끝나지 않은 경우도 있다. 예를 들어 우주의 '평화적 이용'의 정의는 무엇일까? 정찰·감시를 포함해서 군사적으로 활용하거나 공격용 무기로 전용할 수 있는 개발은 어떻게 다뤄야 할까? 우주발사체는 언제든 대륙간탄도미사일로 활용될 수 있으니 말이다.

이러한 이유로 세계는 1987년 국제적 비확산 체제인 미사일기술통제체제를 구축하여 상호 간 미사일은 물론 평화적 목적의 우주발사체도 기술이나 중요 부품을 수출할 수 없도록 규제했다. 하지만 평화적 목적을 표방한다면 우주발사체 개발을 막을 수 없다. 1998년 북한이 미사일 시험을 하고도 인공위성 광명성 1호를 발사했다고 말한 배경이다.

우리나라는 무려 42년 만인 2021년에 문재인 대통령과 바이든 대통령의 정상회담에서 한미 미사일지침이 해제됐다. 고체연료를 쓰는 미사일의 사정거리가 무제한으로 풀려서 우리나라도 고체연료 로켓을 마음껏 개발할 수 있게 된 것이다.*

국제 우주조약에 의하면 우주는 인류의 공동유산이고 어느 나라

---

* 고체연료를 쓰는 미사일은 즉각 대륙간탄도미사일로 연결될 수 있다.

도 소유할 수 없는 공간이다. 군사적 시설을 구축할 수도, 군사적으로 이용할 수도 없다. 1979년 미국의 아폴로 유인 달 탐사 이후 유엔에서는 '달과 다른 천체'에 관한 보다 구체적인 규제를 정의한 달 협정을 작성하여 각국의 가입과 비준을 요청했다. 이미 30년이 지났으나 우리나라를 포함하여 미국·러시아·중국·일본 같은 우주 선진국은 비준을 거부하고 있다. 기본 원칙에는 동의하나 구속받지는 않겠다는 뜻이다. 달에 갈 수 있거나 갈 가능성이 있는 나라는 자신들이 갖게 될 무한한 잠재적 활용 가능성을 포기할 이유가 없기 때문이다.

우주의 범위를 설정하는 일 역시 문제다. 지구 문명에서 국경은 국토, 즉 지도 위에 선으로 표시된 '가시적 구획'으로 존재한다. 자국 영토 범위 안의 지상·지하·영해·영공은 절대적 주권을 보장하기에, 명확히 분할된 공간에서 경계 방어가 가능하다고 전제한다. 최근에는 기존의 영토적 경계를 넘어 기후변화와 환경오염, 팬데믹, 재해 대응 등 지구 차원의 위협에 대응하는 안보 개념까지 의미가 확장되었다.

우주 기반 문명은 기존의 국경 개념을 근본적으로 해체한다. 예를 들어 우리나라 상공은 어디까지인가? 지구는 자전하는 동시에 공전하는데 과연 상공을 정의하고 확정할 수 있는가? 우리나라 상공을 지나는 전 세계의 수많은 인공위성이 우리 정부의 허가를 받고 있는가? 잠깐잠깐 스쳐 지나가는 저궤도위성은 그렇다 치고, 방송통신위성 같이 적도 상공 한 지점에 24시간 위치하는 정지궤도위성은 적도 국가들에 정지궤도 사용료를 지불하고 있는가? 비행기가 다니는 공역은 허가를 받아야 하지만, 인공위성이 움직이는 우주는 허가받지 않아도 된다. 그렇다면 그 경계는 지상으로부터 어디까지인가? 또 우주왕복선은 우주선인가 아니면 항공기인가?

문제를 복잡하게 만드는 또 하나의 지점은 우주개발의 양면성이다. 일상생활에 없어서는 안 될 차량용 내비게이션을 가능케 한 항법위성은 군사용 정밀위치정보위성에서 시작된 것이다. 걸프전에서 인공위성은 전략 요충지에 정밀위치 정보를 제공했고, 러시아-우크라이나전에서 지상 통신망이 끊겨졌을 때 우주 인터넷 통신은 실시간으로 전쟁의 실상을 세계에 알렸다. 지진이나 쓰나미, 홍수 같은 자연재해 대처에 필수적인 지구관측위성도 활용에 따라서는 군사용 초정밀정찰위성이 된다. 허블우주망원경처럼 먼 우주를 바라보던 망원경도 눈을 지상으로 돌리면 정밀한 첩보위성이 된다. 허블우주망원경의 방향을 지구 쪽으로 돌려놓으면 가장 낮은 궤도에서는 해상도가 5센티미터에 달한다고 알려져 있다.[*] 미국의 '키홀Key Hole; KH' 첩보위성은 말 그대로 '열쇠 구멍으로 훔쳐본다'는 의미다. 모양과 크기는 허블우주망원경과 비슷하고, 광학카메라 외에 적외선

---

[*] 해상도 5센티미터란 흔히 5센티미터 크기의 물체도 구분할 수 있는 정도를 나타낸다.

카메라도 장착하고 있다.*

  우주안보는 피해가 국가를 넘어 지구와 우주 차원으로 발생하는 초국가적 문제다. 이를테면 위성들이 '공간 자원'으로 사용하는 궤도에서 발생하는 각국의 위성 간 충돌 가능성이나 스파이위성의 근접 운영 같은 사건은 국제분쟁의 씨앗이 된다. 위성 데이터의 감청이나 재밍 jamming**, 스푸핑 spoofing***은 이미 데이터 안보와 사이버 우주전에서 현실화된 전술이다.

  우주에서 발생한 사이버 공격 가운데 지구에 큰 영향을 주는 것이 바로 GPS 시스템이다. 위성 기반 GPS 시스템은 지상 기지국과 통신하며 위치 정보를 제공하는데, 이 통신 채널이나 위성 자체가 공격 대상이 될 수 있다. 또는 위성 신호 교란과 위조, 데이터 변조 같은 공격으로 GPS의 정확도를 떨어뜨리거나 오작동을 유발할 수도 있다. 문제는 GPS가 항공·해운·통신·금융·전력망 등 다양한 사회기반시설에 사용되어 사회 전반에 큰 혼란을 야기한다는 점이다.

  어떤 면에서는 아이러니하게도 우주가 평화적 영역으로 남기 어

---

*   우주 강국들이 보유하고 강화하려 노력하는 '위성의 랑데부 및 근접작전 Rendezvous and Proximity Operations; RPOs' 수행 능력 역시 애초의 의도와 달리 군사적 용도로 활용될 여지가 있다. RPOs는 수명이 다한 위성이나 우주 쓰레기를 궤도에서 벗어나게 하는 작전으로, 과학적·상업적·평화적 용도에서 시작되었다. RPOs 이외에도 자국의 위성을 수리하거나 연료를 재충전하려는 모든 기술이 민군 겸용 기술로 활용될 수 있다.

**   노이즈와 신호 방해를 구사하여 통신 신호를 차단하거나 왜곡하는 행위를 말한다.

***   공격자가 의도적으로 위조된 위치 정보를 전송하여 정상적인 위성 신호인 것처럼 속이는 행위를 말한다.

렵기 때문에 오히려 우주의 평화적 이용을 논하는 것이 아닌가 하는 생각도 든다. 우주 기술은 최첨단 과학기술의 결정체이면서 또한 일상생활에서의 활용부터 국가안보에 이르기까지 활용 범위가 매우 넓은 국가 전략 기술 분야이다. 특히 우리나라는 주변 강대국에 둘러싸여 있기에 우주 기술 개발이 선택이 아니라 필수다.*

우주가 안보의 전장이 된 이유

안보는 안전보장安全保障의 준말이며, '위협 또는 공격으로부터 안전을 지키는 일'을 말한다. 최근 우주는 국가안보의 핵심 축으로 급부상했다. 단순한 과학 탐사의 영역을 넘어, 경제·통신·국방·외교·기술 자립성 등 전략적 요소의 총 집합소로서 '보이지 않는 국경'이 된 셈이다.

우주안보 space security 는 전통적으로 '국가가 자국의 우주 기반 체계를 보호하고, 우주환경에서 발생 가능한 위협에 대응하는 능력과 정책'으로 정의한다. 그러나 최근에는 그 개념이 더 복합적이고 다차원적인 체계로 진화하고 있는데, 위에서 설명했듯이 국경 개념이 근본

---

* 한반도는 미국과 중국의 경쟁이 가장 치열하게 전개되는 곳 중 하나다. 한반도를 둘러싼 우주 경쟁과 북한의 핵미사일 위협 등으로 인해 한반도 상공 우주공간의 군사화가 심해지고 있다.

적으로 해체되었기 때문이다. 우주에서의 안보는 물리적 경계를 방어하는 것뿐 아니라 궤도·데이터·상호작용·영역적 이해 등 다층적인 복합체를 관리하는 것까지 포함한다.* 물리전에 정보전·사이버전·심리전까지 복합적으로 얽히니 단순히 기술적 우위만으로 해결될 문제가 아니며, 국제적 규범과 신뢰, 투명성이 병행되어야 한다.

우주가 왜 안보 문제의 중심지로 부상하는지를 이해하려면, 먼저 현재 우주라는 공간의 성격을 짚어봐야 할 것 같다. 유엔에 따르면 우주는 점점 더 혼잡congested 하고, 대립적contested 이며, 경쟁적competitive 인 공간이 되어가고 있다.

혼잡한 우주 | 우주가 '혼잡한 공간'이라는 말은 물리적 과밀화만을 뜻하지 않는다. 우주는 궤도 사용의 과학적 제약, 충돌 위험성과 민군의 병존 상태, 그리고 이로 인한 국가안보 위협까지 복합적으로 작용하는 공간이다. 단지 우주물체가 '많다'는 문제를 넘어서, 궤도를 이용한다는 사실 자체가 사고 위험에 노출된다는 의미다.

위성 하나를 충돌로 잃는 경우, 피해는 충돌 시점의 경제적·군사적 자산 손실에서 끝나지 않고 수십 년간 파편으로 인한 2차 충돌 위험이 남는다. 우주는 무한하지 않으며, 지구 궤도는 물리적으로도

---

* 여기에 더해 최근 전통적 우주안보를 넘어서는 '포괄적 우주안보'에서는 우주 잔해물의 낙하, 소행성이나 대형 운석의 추락, 태양풍에 의한 전자통신기기 오류 등 자연현상의 위협에 대응하는 행위까지 포함한다.

정책적으로도 극히 제한된 자원이다. 이 공간의 과밀화는 물리적 충돌 문제뿐만 아니라 정보전, 군사 충돌, 민간 통신 교란, 심지어 국가 재난과도 직결되는 전략적 이슈다.

대립적 우주 | 20세기 중반까지는 우주를 평화적 목적을 위한 이상적 가치 공간으로 인식했다. 하지만 실제로 우주는 초창기부터 군사화와 정치적 대립의 연장선에 놓였다. 스푸트니크 1호가 기술적 쾌거인 동시에 미국에는 대립국의 핵전력 운반 능력을 상징했듯이 말이다.

2022년까지 미 우주군US space force 우주작전사령관을 역임한 존 레이먼드John W. Raymond 는 2020년 공식 문서 〈스페이스 파워〉에서 우주는 이제 평화롭지 않은 공간이며, 다양한 위협으로부터 방어가 요구된다고 명시하였다. 이 문서는 미 우주군에 관한 이론을 처음으로 독립적으로 정리한 것으로, 우주력이 왜 중요한지, 군 우주력이 어떻게 활용되는지, 군 우주력은 무엇을 중요하게 생각하는지 답을 제시한다.

이전에는 군사적 자산으로서 우주에서 수행하는 정찰과 감시, 통신과 지휘통제, 항법과 유도 같은 활동은 '우주 지원space support '의 측면이 컸다. 그러나 2000년대 이후 보다 적극적인 의미의 '우주 작전space operations '이 강조되면서 우주에서의 방어와 공격 능력이 강조되었다.

기존의 우주전이 위성공격무기 같은 '전면적 궤도 충돌'을 의미했다면, 현재의 우주 전쟁 개념은 물리적 피해 없는 비접촉 교란, 즉 위성을 파괴하지 않고 기능을 마비시키는 전자전이나 기만 정보를 주입하는 스푸핑, 지상 시스템을 해킹하여 정보·작전 우위를 확보하는 방식을 띤다.

경쟁적 우주 | 접근성이 높아지고 전략적으로 중요해질수록 우주에서는 국제협력과 동시에 경쟁도 더욱 치열해질 것이다. 우주에서 특정 궤도를 차지하려는 경쟁은 우주 기술과 역량을 중심으로 한 새로운 동맹 체결로 이어질 수도 있지만, 국가 간 지배권 다툼으로 새로운 경쟁 구도가 만들어질 수도 있다.

그뿐만 아니라, 우주에서 민간기업의 부상은 민간과 국가 사이의 경쟁을 암시하기도 한다. 민간기업의 이익이 국가안보 문제와 어긋나는 경우, 역학관계는 더욱 복잡해진다.

우주안보의 변화,
스타워즈에서 골든돔으로

"이제 전 세계의 눈은 우주, 달, 그 너머의 행성들을 바라보고 있으며, 우리는 적대적인 정복의 깃대로 그곳을 통치하지 않고 자유와 평화의 깃대를 세울 것을 맹세한다."

존 F. 케네디 (1962년)

우주안보 딜레마의 시작

우주안보는 '우주 및 지상에 기반을 둔 모든 위협으로부터 안전한 상태'를 의미한다. 우주안보지수 space security index 는 우주안보를 "안전하고 지속 가능한 우주 접근과 우주에 기반한 위협으로부터의 자유"로 정의한다. 아직까지 우주안보에 관한 정의가 확립되어 있지 않아서 국가마다 다르게 표현하기도 한다.

국가 우주력은 '우주영역을 이용하는 국가의 역량'으로 정의된다. 이제 우주는 지상·해양·공중 및 사이버 영역과 동일하게 국가안보를 지켜나가는 데 매우 중요한 요소다. 그런 면에서 우주에서의 우위는 국가안보의 중요한 축이 될 수 있다. 우주 기반 기술은 군사적·상업적 가치가 커지면서 중요도가 점점 높아지고 있고, 의존도도 강해지고 있다. 우주 기술을 개발하고 확보하려는 국가 간 경쟁이 치열할 수밖에 없다.

특히 미국과 중국 사이의 우주 경쟁이 치열하다. 미국은 2019년 우주군을 창설했다. 또한 스페이스X는 2020년 최초의 민간유인우주선을 성공적으로 발사하고 귀환시키면서 우주의 군사화·상업화 가능성을 보여주었다. 이는 미국이 우주산업 육성과 함께 기술적 우위를 유지하는 우주 지배력을 추구한다는 점을 보여준다.

반면 중국은 미국의 우주 지배력에 도전하기 위해서 우주와 관련한 핵심 분야에서 독자적인 기술력을 확보하고자 노력하고 있다. 중국은 지상 발사 위성공격무기로 2007년 자국의 저궤도 기상위성을 파괴하는 데 최초로 성공했고, 2013년에는 고도 3만 6,000킬로미터 상공, 즉 정지궤도에 있는 위성을 무력화하는 실험을 수행하기도 했다.

공식적으로는 미국과 중국 모두 우주공간의 평화적 이용과 협력에 찬성하고 우주에서의 군비 경쟁에 반대한다. 그런데 우주개발에서 서로의 의도에 불확실성이 증가하고, 방어적 움직임을 공격적으로 해석하는 등의 사태로 군비 경쟁이 강화된다면 결국에는 서로의 안보를 저해하는 안보 딜레마적 상황이 전개된다. 어쩌면 미국과 중국의 경쟁은 새로운 맥락에서 냉전 시기 미국과 소련의 우주 경쟁보다 더욱 복잡하게 재현될 수 있다.

미·소 우주 경쟁에서
미·중 패권 경쟁으로

냉전 시기 미국과 소련은 국가적 위신과 과학적 탐구, 군사적 우위까지 복합적인 이익을 추구하면서 우주공간에서 치열한 경쟁을 펼쳤고, 그 가운데 다양한 기술적 발전을 이뤘다. 실제로 오늘날 우리가 사용하는 많은 우주 기반 기술들은 냉전 시기 군사적 목적으로 개발되거나 추진된 것들이다.

동시에 미국과 소련은 우주공간을 탈군사화하고 평화적 이용을 강조하면서 적어도 외면상으로는 국제협력을 추구했다. 우주 경쟁은 그 자체로 심각한 긴장이나 갈등을 필연적으로 드러내지는 않는다. 우주공간에서 평화적·협력적 경쟁의 가능성 역시 존재하기 때문이다.

인공위성을 발사하고 우주를 탐사하기 시작한 우주시대 초창기에는 미국과 구소련이 우주개발 초강대국으로 대표되었고, 이후 우주가 국력을 과시하는 중요한 세계적 무대로 발전하면서 프랑스·일본·중국·인도 등 우주발사체와 인공위성을 발사할 능력을 갖춘 국가들이 늘어났다. 우주 기술 핵심 분야에서 독자적 기술력을 확보하려는 노력은 우리나라 같은 우주개발 추격 국가들에서도 (여전히 우주 강대국들과 격차가 매우 크지만) 일어나고 있다. 이제는 민간기업들이 우주 경쟁에 동참하고 있다.

최근에는 미국과 중국 사이의 우주 경쟁이 더욱 치열해졌다. 미·소 우주 경쟁이 주로 이념적·군사적 경쟁에서 비롯되었다면, 미·중 우주 경쟁은 경제적 패권과 기술적 리더십 확보가 동력의 중심축이다. 미국과 중국의 패권 경쟁은 새로운 맥락에서 미·소 우주 경쟁 시기보다 더욱 복잡해질 가능성이 크다. 지상에서의 경제적·정치외교적·기술적 패권을 둘러싼 경쟁은 우주로 확장되어 유사한 양상을 보이고 있다.

미국 트럼프 행정부는 사이버와 더불어 우주를 21세기 안보 위협의 가장 중요한 분야로 지칭하고, 2019년 우주군을 창설하는 과정에서 중국의 위협을 가장 중요한 이유로 내세웠다. 중국의 우주개발 목표는 기술력을 증명하고 경제적 패권을 강화하는 것이다. 중국 시진핑 정부는 앞선 2015년 중국 로켓군을 독자적인 전략군으로 승격시키는 한편 우주몽宇宙夢을 선포하면서 2050년까지 최고의 우주 기술 선진국으로 자리 잡는 '우주굴기'를 추구하고 있다. 구체적으로는 2030년까지 우주 분야의 주요 선진국으로 도약하고, 2045년에는 우주 관련 장비와 기술 면에서 최고 선진국으로 부상하는 것을 목표로 한다.

중국은 이러한 목표를 차근차근 완성시켜 나가고 있다. 먼저 미국의 위성항법장치 GPS에 상응하는 자체 항법위성시스템 베이더우를 완성했다. 베이더우는 위치·항해·시간 측정을 독자적으로 수행하면서 현재 추진 중인 일대일로─帶─路[*]에 참여하는 국가들에 영향력을 높여가고 있다. 2019년 1월에는 무인달탐사선 창어 4호에서 분리된 탐사로봇 위투 2호가 인류 최초로 달 뒷면에 착륙했다. 달 뒷면 탐사가 어려운 이유는 지구 지상과 직접 교신하는 일이 불가능하기 때문이다. 중국국가항천국은 달과 지구 사이에 오작교를 의미하는 '췌차오'라는 이름의 통신중계위성을 띄워 이러한 문제를 해결했다.

2011년에는 무인우주선 선저우 8호와 소형 우주실험실 텐궁 1호 天宮1号 가 고도 343킬로미터 상공의 우주공간에서 도킹에 성공했다. 시속 2만 8,800킬로미터로 움직이는 두 물체를 우주공간에서 허용 오차 18센티미터 이내로 결합시킨 나라는 당시 미국과 러시아뿐이었기 때문에, 중국의 우주 도킹 성공은 '중국판 스푸트니크 쇼크'라는 말이 나올 정도로 충격적인 사건이었다.

---

* 중국의 신실크로드 전략으로 내륙과 해상의 실크로드 경제벨트를 의미한다

21세기 우주 전쟁의 서막

초한전 unrestricted warfare 혹은 하이브리드전 hybrid warfare 은 '한계를 뛰어넘는 전쟁'이라는 뜻이다. 군사적 충돌 없이도 상대국을 장악하는 무제한 전쟁으로서의 초한전은 전략적 발전을 거듭해 현재는 다양한 형태로 상시로 벌어지고 있다.

1983년 3월 23일 밤, 로널드 레이건 대통령은 전국에 중계된 TV 연설에서 미국의 운명을 바꿀 한 문장을 남겼다. 요점은 소련의 대륙간탄도미사일을 우주에서 요격해서 미국을 보호하겠다는 것이었다. 이를 전략방위구상 Strategic Defense Initiative; SDI 이라고 한다. 당시 미국과 소련은 한쪽이 선제 공격을 하면 상대편이 보복 공격을 할 것이기에 공격은 곧 공멸로 이어진다는 '상호확증파괴 Mutual Assured Destruction; MAD'로 아슬아슬한 균형을 유지하고 있었다. 레이건의 연설은 냉전의 마지막 장에서 '공격 억지'*를 넘어 '방어 우위'로의 상상력을 열었다는 점에서 역사적이었다. 언론은 이 유토피아적 방패에 '스타워즈'라는 별명을 붙였고, 세계는 충격 속에서 새로운 전략 좌표를 정의내리기 시작했다.

하지만 신화와 현실 사이의 간극은 매우 컸다. 레이건의 방어 전략에는 우주 기반 요격·위상 배열 레이더·레이저·각종 요격체를

---

* 상호확증파괴가 성립하여 핵무기로 공격하지 못하도록 행동을 억제하거나 저지하는 힘을 말한다.

활용하는 첨단 무기가 필요했고, 이 모든 것이 과학적으로 가능한지 보다 '운용 가능한지'의 문제에 부딪혔기 때문이다. 레이건의 야심 찬 계획은 기술적 한계와 예산 부족, 소련과의 관계 개선이라는 삼중 난관에 부딪혔다.

그럼에도 전략방위구상은 시대의 서사 구조를 바꾸어 우주가 더 이상 지구의 배경이 아닌 전장이 실제로 벌어지는 공간이라는 인식을 보편화시켰다는 커다란 의미를 지닌다. 특히 스타워즈는 우주 레이더를 이용한 탐지·추적·요격이라는 기술적 상상력에 지대한 영향을 미쳤다. 그리고 '방패' 기술이 더디게 전진하는 동안 위성공격무기는 전장의 현실을 바꿨다. 2007년 중국이 자국의 기상위성 평원 1C를 직접 요격한 사건이나 2019년 3월 인도의 위성공격무기 시험, 2021년 11월 러시아의 코스모스 1408 파괴 실험은 위성공격무기가 더 이상 '가능성'의 영역에 머물지 않고 '반복되는 현실'이 되었음을 보여준다.

이제 지상 기반 레이더, 광학 네트워크를 비롯해 우주 기반의 준실시간 경보 추적 네트워크는 전장의 기본 인프라로 자리 잡았다. 우주는 더 이상 '미사일이 지나가는 곳'이 아닌 '미사일을 보는 곳', '미사일에 대응하는 곳'이 되었고, 이는 곧 우주상황인식과 우주영역인식의 출발점이 되었다.

스타워즈가 우주에서 요격해서 핵을 막는 방패의 신화였다면, 21세기의 우주 방어는 요격 편중에서 국가의 우주 의존 인프라를 지키는 다층 보호 체계 쪽으로 이행했다. 우주 보호 아키텍처인 '골든돔Golden Dome' 시대로 접어든 것이다.

2025년 5월 30일, 도널드 트럼프 미 대통령이 백악관에서 골든돔 미사일 방어 체계 도입 계획을 발표했다. '미사일 방어 신화'에서 '우주 보호 체계'로 전장의 언어를 바꾼 것이다. 골든돔은 1750억 달러(한화 약 240조 원) 규모의 다층 방어 시스템으로, 미국 역사상 최초로 우주공간에 무기를 배치하는 계획이다. 그래서 이 프로젝트를 핵무기·극초음속미사일·크루즈미사일 및 기타 공중 공격에 대응하는 차세대 미사일 방어 체계라고 정의하기도 한다. 세계 어느 곳에서, 심지어 우주에서 발사되는 미사일도 요격할 수 있는 시스템을 갖추는 것이 목표다.

기술적 핵심은 지상·우주 기반 센서를 융합하여 전천후 탐지·추적·방어 체계를 갖추는 것이다. 지속적인 추적률을 높이시, 민지 보고 빠르게 대응하여 작은 행동으로도 효과를 극대화하기 위해서다. 먼저 보고 인지하는 것이 곧 방어와 대응의 시작이기 때문이다. 이를 위해 미국은 수백 개의 감시위성과 다양한 고도·속도의 목표물을 공격할 수 있는 공격위성으로 우주 기반 요격체를 구성할 계획이다.

시스템은 4단계 다층 방어로 작동한다. 미사일 발사 전 탐지 및 파괴, 초기 비행 단계에서의 요격, 중간 비행 과정의 차단, 목표물에 접근하는 마지막 순간 저지이다. 특히 1단계는 미사일이 대기권을 천천히 상승하는 부스트 단계에, 즉 미사일이 가장 취약할 때 100킬로미터 너머 우주공간에서 운용하는 요격기로 격추하는 것을 목표로 한다.

골든돔 프로젝트는 이스라엘의 아이언돔Iron Dome에서 영감을 받았다고 하지만, 그 규모는 비교할 바가 못 된다. 아이언돔이 저속·저고도·단거리 미사일 위협을 선별적으로 막는 것을 목표로 한다면, 골든돔은 이스라엘보다 450배 큰 미국 전체를 다양한 첨단 탄도미사일과 극초음속미사일로부터 보호하는 시스템이다.

1983년의 전략방위구상과 2025년의 골든돔은 기본 개념과 시스템 메커니즘이 크게 다르지는 않다. 그러나 1980년대 전략방위구상이 기술적 뒷받침이 부족했다면, 지금은 그때보다 기술이 훨씬 발전했다. 일론 머스크의 스페이스X가 이미 8,000기 이상의 스타링크 위성을 궤도에 올려놓았고 레이저 출력도 과거와 비교할 수 없을 정도로 강화되었으며, 인공지능을 활용한 식별과 제어도 현실화되었다.

물론 기술적 진보만으로 골든돔을 실현할 수 있는 것은 아니다. 과거에는 우주공간을 일정한 궤도로 움직이는 대륙간탄도미사일을 상대하는 것만으로 충분했다면, 이제는 대기권의 극초음속미사일, 우주 가장자리를 스치는 부분궤도폭격시스템Fractional Orbital Bombardment System; FOBS* 같은 새로운 위협들이 등장하여 직접 요격하

---

* 지구 저궤도를 따라 비행하는 핵미사일을 말한다.

는 일이 매우 어려워졌기 때문이다. 더하여 우주에 배치되는 위성 시스템도 복잡해지고 있고, 상대가 위성 자체를 공격할 경우 쉽게 무력화될 수 있다는 점도 어려움을 배가하는 지점이다.

중국도 미국에 맞서 위성·레이더·광학·전자정찰장비 같은 각종 센서를 활용해 세계 어디서든 중국을 향해 발사될 수 있는 최대 1,000기의 미사일을 실시간으로 탐지·추적하는 '중국판 골든돔 시스템'을 개발하고 있다고 발표하면서, 전 지구 미사일 방어 시스템 시제품을 공개하기도 했다.

미국의 골든돔 추진의 핵심 동인은 중국의 급속한 핵전력 강화였다. 2021년, 부분궤도폭격시스템과 극초음속미사일을 결합한 중국의 공격 시스템 시험이 미국의 탄도미사일 방어 시스템을 우회하여 미국을 공격할 능력을 증명했기 때문이었다.

중국과 러시아는 미국의 골든돔 프로젝트가 '우주를 무력 대결의 장으로 만들 것'이라고 경고했다. 미국이 우주의 평화적 이용 원칙을 위반하고 우주를 전장으로 만들어 군비 경쟁을 촉발할 위험을 높였다는 비판이다. 그러나 오히려 중국과 러시아의 강력한 반발과 대응이 우주를 배경으로 하는 새로운 군비 경쟁의 시작을 알렸다. 골든돔은 성공 여부와 관계없이 우주를 새로운 전장으로 만들었다.

골든돔이 의도대로 성공적으로 작동한다면, 무력武力을 무력화無力化 하는 '스타워즈'가 벌어질 것이다.

6.

우주상황인식
: 쏘아 올린 우주물체는 안전한가?

쓰고 버려지는
우주 쓰레기의 공격

작은 파편 하나의 위력

1978년, 나사 과학자 도널드 케슬러는 지구 궤도의 인공우주물체 밀도가 임계점에 도달하면, 충돌로 인해 파편이 생기고 이 파편들이 또 다른 충돌을 유발하면서 궤도 환경 전체가 붕괴될 수 있다는 시나리오를 발표했다. 그리고 우주 쓰레기들 때문에 궤도에서 우주탐사가 불가능해지고, 심지어 오랜 세월 인공위성을 운용할 수 없게 되리라는 결론을 내렸다. 이 시나리오는 '케슬러 신드롬'이라고 불리며, 현재 지구 궤도의 지속 가능성을 가장 심각하게 위협하는 실질적인 위험이 되었다.

2000년대 나사 존슨우주센터의 궤도파편프로그램사무국Orbital Debris Program Office; ODPO 은 저궤도부터 정지궤도까지의 파편 환경을 예측하는 모델 레전드LEO-to-GEO Environment Debris Model; LEGEND 를 개발했다. 레전드는 지구 근접 환경에서 이미 알려진 과거 파편 개체군을 모방하여 미래의 파편 분열과 개체군 증가를 시뮬레이션해 주는 3차원 궤도 파편 진화 모델이다. 레전드 모델에 따르면, 우주 쓰레기 제거나 충돌회피에 적극적으로 대응하지 않을 경우, 저궤도 환경은 200년 이내에 스스로 지속적인 파편 충돌을 일으키는 단계에 도달한다.

유럽우주국이 개발한 유성체와 우주 쓰레기 위험평가 도구인 마스터 Meteoroid and Space debris Terrestrial Environment Reference; MASTER 도 우주 잔해 환경과 그 미래 진화를 특성화하는 모델이다. 마스터의 시뮬레이션 결과에 따르면, 현재 저궤도 영역인 500~1,000킬로미터는 이미 자생적 파편화 위험 구간에 진입했으며, 특히 500~600킬로미터 고도는 '초임계밀도 영역'이다.

만약 케슬러 신드롬이 현실화된다면 어떤 미래가 전개될지 상상해보자. 대형 군집위성과 소형 위성이 대량으로 궤도에 배치되고 우주상황인식 체계의 한계로 탐지되지 않는 파편이 증가해 임계밀도에 도달한 상황이다. 연간 충돌 경고 수가 수십만 건을 돌파하고, 대규모 충돌 사고는 매년 한두 건씩 발생한다. 대형 충돌은 수천 개의 파편을 생성하는데, 이는 2차 충돌 위험을 일으키는 위험요소가 된다. 연쇄 충돌 위험이 본격화되는 단계다.

상황이 더욱 악화되면 국제우주정거장이나 유인기지들은 긴급 대피하거나 폐쇄할 위험에 노출된다. 그다음 단계로 실질적인 위성 운용이 더는 불가능하고, 신규 위성을 발사할 때 충돌회피 비용이나 위험성을 감당할 수 없는 정도가 된다. 이로 인해 저궤도 실용 위성들이 핵심 기능을 손실하면 결국 지상 인프라 붕괴가 초래되어 사회적·경제적 피해가 이어진다. 마지막 단계에서는 지구 저궤도에 접근하는 일 자체가 불가능해진다.

케슬러 신드롬은 조용히 다가오는 지구 궤도 붕괴의 경고음이다. 지금 대응하지 않으면 지구를 둘러싼 우주 쓰레기의 장벽이 미래 인류의 우주 접근을 봉쇄할 것이라는 경고. 적극적으로 파편을 제거하고 신속한 우주상황인식 시스템을 구축하여 군사위성과 민간위성을 포함해 모든 궤도에 있는 위성의 데이터를 실시간으로 공유하며 충돌 위험을 피해야 한다. 우주를 잃는 것은 지구를 잃는 것이다. 지속 가능한 궤도 운영은 인류 생존 조건이다.

우주 쓰레기는 지구 궤도를 돌고 있는 인간이 만든 우주물체 가운데 더 이상 유용한 용도로 사용되지 않는 것을 말한다. 즉, 운용 중인 인공위성을 제외한 모든 인공우주물체가 우주 쓰레기다. 인공위성을 발사하는 데 사용된 우주발사체 상단부터 임무 완료 후 궤도에 남은 인공위성이나 우주선, 지구 궤도에서 우주물체끼리 충돌하거나 폭발하여 생긴 파편, 인공위성에서 나온 위성 차폐 조각, 미세한 페인트 얼룩까지도 모두 우주 쓰레기다.

최초의 우주 쓰레기는 인공위성 스푸트니크 1호를 발사한 R-7 로켓의 잔해다. R-7 로켓은 1957년 10월 4일 스푸트니크 발사 후 지구 궤도에 남아 있다가 같은 해 12월 1일 지구 대기권으로 떨어졌다. 미국 국방부 산하 방위기구인 북미항공우주방위사령부 North American Aerospace Defense Command; NORAD 는 인공우주물체에 식별번호 NORAD ID 를 붙여서 감시·관리하는데, 이 로켓은 대기권에 떨어지기 전 관측되어 식별번호 1번으로 등록되었다.

최초의 우주 임무 이후 계속 축적되어 온 우주 쓰레기는 최근 민간의 우주 이용이 확대되면서 증가 속도가 더욱 빨라졌다. 우주 쓰레기는 지구를 둘러싼 궤도 전체에 존재하지만, 특히 가장 많이 사용되는 궤도 주변에 집중되어 있다. 고도 1,000킬로미터 이하의 저궤도 영역으로, 국제우주정거장뿐만 아니라 스페이스X의 스타링크 위성들, 우리나라의 다목적 실용위성과 과학위성들도 이곳을 돌고 있다. 저궤도에 특히 많다는 뜻일 뿐, 고도 약 3만 5,800킬로미터의 정지궤도 영역까지도 인공위성과 우주 쓰레기들은 존재한다.

저궤도에서는 우주물체들이 평균 초당 7~8킬로미터의 속도로 움직이기 때문에 충돌할 경우 운용 중인 인공위성이나 국제우주정거장의 우주비행사들이 매우 위험해진다. 크기가 10센티미터 이상 되는 물체의 충돌은 인공위성 전체를 파손할 위력이 있다. 훨씬 작은 밀리미터 크기의 파편이라도 인공위성의 임무 수명을 단축시키거나 충돌하는 위치에 따라 기능을 마비시키기도 한다. 예를 들어 밀리미터 크기의 파편이 위성의 태양전지판에 충돌해서 기능성이 떨어지면 위성의 배터리 충전 성능이 저하되거나 수명이 단축될 수 있다. 연료탱크나 통신 전자장치와 충돌해서 임무 수행에 필수적인 기능이 멈추면, 결국 지상과 통신이 끊기고 궤도에 그대로 버려지는 심각한 결과가 초래될 수 있다. 이는 우주인의 생명에 영향을 미치기에 특히 더 위험하다.

작은 파편들은 추적이 불가능하여 더 위험하다. '치명적 추적 불가 파편'이라 불리는 비교적 작은 파편들은 우주 쓰레기 가운데 가장 많은 양을 차지한다. 결국 현재 진행되고 있는 우주 임무와 미래 우주 임무의 안전과 성공적인 운영을 위해서는 우주 쓰레기가 초래하는 위험을 적절히 관리하고 대비해야만 한다.

우주 쓰레기의
완전 제거가 가능할까?

우주 쓰레기와 관련된 일부 문제는 정책적인 규제와 해결책이 필요하겠지만, 결국 많은 문제는 연구·개발이 선행되어야 한다. 그렇다면 가장 시급한 우주 쓰레기 연구는 무엇일까?

우선은 인공위성을 설계할 때 선제적으로 새로운 잔해의 발생을 제한하는 기술을 개발해야 한다. 설계할 때부터 임무 종료 후 우주 쓰레기 생성을 제한하는 것은 비용 대비 가장 효율적인 방법일 수 있다. 인공위성 표면은 시간이 지날수록 성능이 떨어지고 그 과정에서 밀리미터 이하의 작은 파편이 생겨난다. 또 우주환경에 장기간 노출되면 인공위성의 재료 특성이 변하면서, 미세유성체나 우주 쓰레기 충돌에 더 취약해진다. 국제우주정거장의 보호와 차폐 기술 개발까지 우주선 보호 기술은 점진적으로 발전해왔지만, 미래 우주 임무의 안전한 운영을 위해서는 새로운 보호 기술이 필요하다. 따라서 우주선이나 인공위성의 차폐나 내충격성을 강화하고, 우주선 표면의 복원력을 향상시키는 구조 설계를 고민해야 한다. 그러나 아직은 우주선이나 인공위성의 설계 단계에서 이런 부분이 크게 고려되지 않는다. 실험적인 목적의 초소형 위성과 큐브위성은 수명이 짧기에 특히 더 무시되는 경향이 있다.

기동 능력이 있는 인공위성은 충돌 위험이 발생하면 추진체를 사용해서 궤도를 조정한다. 자율충돌회피를 위해서는 기동성이 필수다. 거기에 더해 임무 완료 후 폐기 단계에서의 연료도 고려해야 한다. 추진제가 남아 있는 상태에서 임무가 종료되는 경우, 태양 활동이나 열 순환의 영향으로 자체 폭발할 위험이 매우 높아지기 때문이다. 우주 쓰레기의 35퍼센트 정도가 궤도에 남아 있는 발사체 상단이나 다 쓰고 버려진 인공위성의 우발적 폭발로 발생한다는 점을 생각하면, 임무 종료 후의 폭발을 제한하는 기술이 얼마나 중요한지 짐작할 수 있다.

무엇보다 가장 중요한 연구는 우주 쓰레기가 어디에 있는지, 어떻게 움직이는지 크고 작은 파편들을 정확하게 추적하고 개별적 특성을 파악하는 것이다. 우주에 남은 우주물체의 미래 위치를 예측하고, 이를 토대로 운용 중인 인공위성과의 충돌 가능성을 계산하여 위성 운영자들에게 알려주어야 한다. 우주물체의 궤도는 레이더, 광학망원경, 레이저, 우주용 센서 같은 장비들로 알아낼 수 있다. 물론 관측할 수 있는 우주물체의 크기에 제한이 있으므로, 미세한 파편들에 관해서는 자체적인 대비가 설계되어 있어야 한다.

그런데 운용 중인 인공위성의 임무 종료를 초래할 만한 파편이 실제로 추적되고 있는 비율을 현재 1퍼센트 미만이다. 우주물체를 추적하고 궤도를 전파할 데이터가 부족하니 당연히 불확실성도 높아진다. 대기 항력이나 태양 활동, 비중력 섭동의 복합적인 효과 역시 불확실성을 배가하는 요소다.

우주 쓰레기와 우주환경의 상호작용을 특성화하는 것도 위험을 완화하는 방법이다. 우주 날씨가 우주 쓰레기에 어떤 영향을 미치는지, 우주환경의 특성을 이해한다면 더 나은 예측모델을 제공할 수 있다. 우주환경을 살피는 일의 중요성은 스타링크의 사례로 확인할 수 있다. 2022년 2월 지자기폭풍이 일면서 태양에너지로 대기 상층부가 팽창하는 일이 발생했다. 이로 인해 대기 항력이 증가하면서 발사 직후 고도 300킬로미터 주차궤도를 날던 스타링크 마흔아홉 기 가운데 마흔 기가 목표 궤도에 도달하지 못한 채 추락했다.

우주환경에 치명적인 위험을 초래하는 우주 쓰레기라면 적극적으로 제거해서 다른 인공위성에 충돌 위험을 줄여줘야 한다. 이렇듯 직접 우주 쓰레기를 완전 제거하는 방법을 능동적제거Active Debris Removal; ADR 방식이라고 한다. 능동적제거가 아닌 후처리 방식으로는 임무가 끝난 인공위성이 스스로 궤도를 이탈해 대기권으로 떨어지게 하거나 무덤궤도로 이동하도록 하는 방법이 있다. 능동적제거는 이런 방식들보다 비용이 더 많이 드는데, 현재 우주 쓰레기를 제거하는 일에는 명확한 책임이나 경제적 인센티브가 없어서 자리 잡는 데 오랜 시간이 걸릴 것으로 보인다.

한 번에 1~20개의 우주 쓰레기를 제거하는 일은 비용 대비 효율이 크지 않으면서 실질적인 우주환경 개선에도 영향을 미치지 않을지 모른다. 능동적제거는 비용과 비용 대비 편익이 잘 알려지지 않았는데, 이를 입증하려면 다른 방법들에 비해 훨씬 큰 비용을 써야 할 가능성이 높다. 결국 우주 쓰레기 완화 노력과 제거 및 복구 노력 사이에서 어떻게 균형을 이루어 효과적으로 우주 쓰레기의 위험 전반을 줄일지 연구가 필요하다.

최근 들어 능동적제거 기술은 환경적 측면보다 우주안보 측면에서 국방 기술의 하나로 접근되고 있다. 능동적제거 기술이 타국의 인공위성을 고의적으로 제거하는 기술로 이어질 수 있기 때문이다. 따라서 우주 쓰레기를 제거하는 데 있어서 명확한 책임과 의도를 드러내줄 제도의 마련이 필요해진다. 우주물체가 서로 가까이 날아갈 때 정치적 충돌로 이어지지 않도록 우주에서의 책임 있는 행동을 다루는 규범도 마찬가지다.

바이든 행정부가 발표한 〈미국 우주 분야 우선순위 프레임워크 United States Space Priorities Framework 〉(2021) 결론 중에 이런 말이 있다. "우리는 우주를 접근하고 이용하는 역사적 변화의 정점에 서 있다. 이 변화에는 그 어느 때보다 더 많은 사람과 공동체에 우주의 이점을 가져다줄 잠재력이 있다. 우주를 보다 적극적으로 활용해서 가장 시급한 과제를 해결하는 동시에, 현세대와 미래세대에게 우주의 혜택을 보존해주기 위해 국제사회를 주도할 것이다."

지속 가능성에 관한 다섯 가지 문제

나사는 지구 궤도에서의 신속한 우주 지속 가능성 조치를 방해하는 문제를 다섯 가지로 분류했다. 첫 번째는 우주 커뮤니티에서 우주 지속 가능성에 관한 단일 프레임워크를 받아들이지 않으려고 한다는 것이다. 여기서 프레임워크란 정의된 수치를 사용해서 측정·모델링·평가를 수행하고 상호의존성을 설명하는 엔티티 관계 모델 entity-relationship model 을 뜻한다. 우주 커뮤니티 사이에서 서로 다른 프레임워크를 사용하면 인공우주물체의 정보를 파악하고 공유하는 등 우주 지속 가능성 문제와 해결책을 파악하는 데 혼란이 일어날 수 있다. 단일 프레임워크는 복잡하게 얽혀 있는 문제를 해결하는 수단으로, 목적 달성을 돕는 장치인 셈이다.

두 번째는 지구 궤도를 도는 인공우주물체 궤도를 파악할 때, 추적된 우주 쓰레기와 추적되지 않은 우주물체 사이의 연관성이 복잡하다는 점이다. 활동 중인 인공위성 수와 다양성이 증가하는 데다, 인공위성마다 기동 방법과 시기가 모두 다르다는 점도 우주환경을 더욱 복잡하게 만든다. 또한 우주환경은 매우 가변적이기에, 정보 파악이 더욱 어렵다. 즉, 현재 인공우주물체의 궤도력 정보와 모델링으로는 전체적인 프레임워크를 지원하는 데 한계가 있다.

세 번째는 우주환경과 우주 운영의 불확실성이다. 인공위성 운영자, 임무 계획자, 정책 입안자들은 종종 제한적이거나 일관성 없는 정보와 가정을 바탕으로 중요한 결정을 내린다. 우주 지속 가능성과 관련된 이해와 행동에 획기적인 발전을 이루려면 다양한 불확실성을 얼마나 줄여야 하는지 결정하는 것이 우선 과제다.

네 번째는 우주 지속 가능성이 다른 미션의 이해관계와 상충할 수 있다는 점이다. 우주에서의 지속 가능성 활동은 비용과 같은 제약이 있게 마련이고, 조직은 임무 성공에 필수적인 조치의 우선순위를 정하는데, 지속 가능성을 개선하기 위해 취한 조치가 임무를 저해하는 것으로 인식되는 경우도 있다.

마지막으로 우주 지속 가능성은 다자간 조율과 대응이 필요한 글로벌 이슈라는 점이다. 지금 우리는 우주 지속 가능성을 지원하는 정책과 지침을 조율하는 초기 단계에 있기에 정책과 실행 주체 사이에 얼마간의 괴리가 있다.

　그렇다면 우주 지속 가능성 문제를 해결하려면 무엇을 해야 할까? 나사는 실질적인 목표를 세웠다. 먼저 우주 지속 가능성을 평가할 프레임워크의 개발이다. 현재 지구 궤도에서 운용되는 인공위성들의 상황과 우주 쓰레기의 관점에서 미래를 식별할 일관된 지표를 세워 공개하는 것이다. 우주 운영의 불확실성을 최소화하는 데 가장 효율적인 방법이 무엇인지 우선순위를 정하는 과정으로, 향후 인공우주물체를 운영할 때 허용 가능하고 바람직한 위험 수준을 결정해서 매년 그 영향을 공개적으로 보고하고 발표하는 일까지 포함한다. 이러한 과정은 지구 궤도를 도는 인공우주물체의 운영 환경을 감지하여 예측 능력을 획기적으로 개선할 기회를 파악하고, 우주환경에서 운영할 수 있는 새로운 접근 방식을 조사하는 데까지 이어질 전망이다. 결과적으로 우주환경에서 운영할 만한 새로운 접근 방식을 조사할 수 있을 것이다.

　불확실성을 최소화할 가장 효율적인 방법의 우선순위가 정해졌다면, 그 핵심요소를 지원하는 기술에 적극 투자하는 과정이 이어져야 한다. 기술 개발과 이전을 활성화하여 우주 지속 가능성의 장벽을 낮추겠다는 목표다. 우선은 우주 쓰레기 관리 투자에서 시작해서 우주상황인식·우주교통관리·우주환경이해 쪽으로도 투자를 늘릴 기회를 파악한다. 이후 점차적으로 잠재적 기술 이전 파트너를 식별하여 우주 쓰레기 관련 기술 시연에 지원한다. 결국 우주 쓰레기 처리와 관련된 국제적인 이슈를 고려하여 우주 지속 가능성을 수행하는 주체에게 인센티브를 제공하는 경제정책인 셈이다.

나사는 이러한 우주 지속 가능성 노력에 초점을 맞춰 국내외에 강력한 리더십 역할을 지속할 관련 조직을 설계했다. 이들은 일상적인 조정과 책임 문제에 집중할 수 있도록 특정한 권한을 부여받는다. 이를테면 나사 임무국mission directorates 은 우주비행 임무를 수행하며 관련 기술을 개발하고, 최고 엔지니어실과 안전 및 임무보증실office of the chief engineer and the office of safety and mission assurance 은 우주 쓰레기 완화와 관련된 자체 정책을 수립한다. 존슨우주센터 비행 운영국 flight operations directorate at the johnson space center 의 궤도 운영 담당관은 나사의 유인우주선이 추적된 우주물체와 충돌하지 않도록 방지하며, 궤도 잔해 프로그램 사무소orbital debris program office 는 궤도 잔해 환경을 특성화하고 잔해 완화를 지원한다. 이외에도 기술 투자 결정을 위한 분석을 수행하는 기술 정책 및 전략 사무소office of technology, policy and strategy, 발사체의 조달과 궤도 잔해 위험을 평가하는 발사 서비스 사무소launch services office , 법률 자문을 제공하는 법률고문실office of the general counsel 등이 있다.

그중에서도 우주환경 지속 가능성 자문위원회 Space Environment Sustainability Advisory Board; SESAB 는 우주환경의 지속 가능성을 나사 부행정관에 조언하는 통합 기관 역할을 한다. 이들은 우주환경의 상태나 완화 노력의 효과에 관한 모범 사례를 파악하고 이에 따른 교훈을 공유하는 방식으로 도움을 준다. 앞에서 언급한 〈나사의 우주 지속 가능성 전략〉도 우주환경 지속 가능성 자문위원회와 여러 부서가 팀을 구성하여 수립한 것이다.

우주환경은 새로운 상업적 역량으로 인해 더욱 역동적인 운영 공간으로 진화할 전망이다. 앞으로는 기존에 상상하지 못한 엄청난 규모로 인공위성이 지구 궤도에 배치될 테고, 이에 따른 경쟁은 궤도 혼잡은 물론 우주 쓰레기의 축적과 충돌 위험을 급격히 증가시킬 것이다. 현재로서는 정부와 민간의 달·화성 탐사 증가가 우주 지속 가능성에 어떤 잠재적 이익과 위험을 초래할지 완전히 이해하기 어렵지만, 그대로 두면 지속 불가능성이 커질 것은 분명하다.

오늘날의 결정이 우주환경에 장기적으로 지속 불가능한 영향을 미치지 않도록 하기 위해서는 많은 노력이 필요하다. 따라서 나사뿐만 아니라 우주로 나가는 모든 활동 주체가 우주 지속 가능성 문제에 초점을 맞춰야 한다. 인류가 현재와 미래에 우주에서 평화로운 목적과 사회경제적 이익을 추구할 수 있도록 보장할 보편적인 방법이 필요하다.

혼잡해지는 우주를
감시하고 관측하기

범국가적 우주상황인식이
시급한 이유

우주로 발사한 인공위성은 어디로 움직일까? 우리가 발사한 인공위성의 주변에는 무엇이 있을까? 우주상황인식은 우주물체와 그 물체가 운영되는 환경에 관한 지식과 정보를 수집하고 분석해서 미래 예측 정보를 확보하는 모든 활동을 말한다. 지상 혹은 우주에 설치된 광학이나 레이더 시스템을 이용해서 지구 주위 우주공간을 움직이는 모든 우주물체의 상황을 파악하고 대응한다는 개념이다. 우주상황인식은 단순히 우주물체의 위치 정보를 제공하는 것을 넘어 우주 위험에 대한 예측 분석을 수행하는 일련의 과정이다. 궁극적으로는 우주물체 추락으로 인한 지상의 인명·재산 피해를 막고, 우주물체 간 충돌 위험에서 우주 자산을 보호한다. 우주시대에 필수적으로 갖추어야 할 역량이다.

우주상황인식의 주요요소는 세 가지다. 첫 번째는 우주물체와 운영 환경에 관한 지식과 특성, 두 번째는 예측적 정보에 대한 인식, 마지막으로 네트워크 간 데이터 공유 체계이다. 우주물체와 운영 환경에 관한 지식과 특성이란 우주물체와 그 주변 상황을 직접 감시하는 활동을 말한다. 예측적 정보에 대한 인식은 앞서 획득한 정보들을 분석하고 조기에 경보하는 체계를 뜻하고, 네트워크 간 데이터 공유 체계는 국제협력을 말한다.

우주상황인식의 목적은 우주환경에 기인한 요인이 지구 혹은 우주 자산에 미치는 상황(위험)을 파악하여 재해 위험 발생률을 예측하는 것이다. 2007년 중국이 자국 폐기 위성을 미사일로 파괴하는 실험을 진행하면서 우주에 파편과 쓰레기가 급격하게 증가했고, 이후 미국과 유럽의 우주기관에서 우주상황인식을 향한 관심이 높아졌다. 2011년 독일의 뢴트겐 위성ROntgen SATellit; ROSAT 추락 사건을 계기로 우주개발 국가들은 우주환경의 위험을 줄이고자 우주상황인식 관련 정책을 제시하기 시작했다.

우주 위험에 따른 피해는 국가 단위까지 커질 수 있다. 그러나 현재 기술로는 한 국가의 역량만으로 피해 대상이나 지역을 예측하기가 어렵다. 그래서 범국가적 대응 체계를 구축하는 동시에 국제협력이 필수적으로 수행되어야 한다. 인공위성이 재진입해서 지상으로 추락할 때도 마찬가지다. 추락 예측 범위가 인공위성 진행 방향에서 수천 킬로미터에 달하기 때문이다.

우주개발을 주도하는 미국·유럽·중국·러시아·일본 같은 주요 우주 선진국들은 민간의 안전과 국가안보 보장을 위해서 우주상황인식 시스템을 구축하여 운영하고, 국가 주도로 정책을 수립하여 수행하고 있다. 우주개발 후발국들도 우주 위험에 체계적으로 대응하는 데 필요한 독자적인 정보 생산 능력을 확보하고자 노력하고 있다. 각국의 기술 수준과 목표에 맞추어 국가·민간의 주도로 우주상황인식 시스템이 구축되는 중이다.

우주상황인식 시스템을 구축하기 위해서는 우주물체 감시 장비 구축과 더불어 관측 결과를 분석할 능력이 요구된다. 미 합동우주사령부 연합우주작전센터 Combined Space Operations Center; CSpOC 에서 공개하는 정보는 제한적이고 정밀도가 낮아서 그것만으로는 실질적 대응이 어렵다. 공개되지 않은 저궤도위성의 궤도 이탈이나 추락 가능성에 관한 정보도 제한적이기 때문에 각국에 독자적인 감시 및 대응 체계의 필요성이 더욱 강조된다.

미국의 우주감시는 북미항공우주방위사령부에서 수행한 우주물체 탐지와 추적에서 시작되었다. 궤도 위 우주물체의 목록을 관리하는 식별번호 NORAD ID도 그 일환이다. 우주개발 역사가 오래된 만큼 미국은 우주물체와 우주 위험을 전 지구적으로 감시하는 유일한 국가다. 미국에서는 전략사령부(연합우주작전센터)와 항공우주청(나사)이 우주 위험에 따른 전략적인 민·군 공동대응 체계를 구축한다.

연합우주작전센터는 지상 기반과 우주 기반 우주감시네트워크Space Surveillance Network; SSN 를 종합하는 관측시설들을 운영하면서 우주 위험을 통합 관리하고 실제 상황에 대응할 운영 시스템을 상시 가동하고 있다. 우주감시네트워크는 우주 쓰레기를 모니터링하는 것을 넘어 신규 우주물체를 탐지하고, 확인된 궤도 정보를 바탕으로 우주물체마다 번호를 매겨 주기적으로 정보를 업데이트한다. 카탈로그 정보에는 우주물체의 소유국·발사일·발사장·발사체·평균궤도요소 등이 포함되며, 현재까지 무상으로 전 세계에 공개되고 있다.

우주공간에 어떤 물체가 있는지 지속적으로 감시하고 추적하려면 다수의 레이더와 관측망원경이 전 지구적으로 구축되어 있어야 한다. 연합우주작전센터의 우주감시네트워크는 전 세계에 분포된 30여 개의 레이더 및 광학 시스템을 네트워크로 연결한다. 2020년 시스템 운영을 시작한 마셜 제노의 콰질레인 환초에 위치한 우주감시레이더 스페이스 펜스Space Fence 는 S밴드 지상 기반 레이더를 사용해서 저궤도의 10센티미터급 우주물체를 탐지하고 추적한다. 미 우주군이 지닌 세계 최고의 우주상황인식 시스템이다.

2021년 유럽연합에서는 우주상황인식의 하나인 우주감시 및 추적 네트워크European Union Space Surveillance and Tracking; EU SST 를 유럽연합 우주 프로그램으로 채택했다. 이 프로그램은 전 세계 레이더 광학과 레이저 센서 40개를 네트워크로 구성해서 공동 데이터베이스를 구성한다. 그리고 정보를 수집하고 우주물체의 지구 재진입과 충돌 위험 같은 정보를 제공한다.

관측 인프라가 구축된다면 기존에 공개되는 정보보다 10~100배 정확한 양질의 정보를 생산할 수 있다. 우주물체를 관측할 장비가 없어서 연합우주작전센터에서 공개한 목록과 궤도 정보만으로 우주상황인식을 수행해야 하는 국가들은 관측 인프라 없이는 우주 위험에 대응하기 어렵다.

독자적 관측 기술이 중요한 이유

센서 기술의 발전은 우주상황인식의 기능을 크게 향상시켰다. 지상 기반의 인프라 확장과 우주 기반의 우주상황인식 센서 기술 발전은 우주물체의 움직임을 보다 정확하고 신속하게 파악하도록 한다. 관측 정보의 정밀도는 추적 정밀도를 향상시킨다. 따라서 탐지 범위를 저궤도에서 정지궤도까지 아울러서 볼 때 저궤도에서는 레이더로, 정지궤도에서는 광학 센서로 방대한 양의 우주물체를 관측하고 처리할 기술이 필요하다. 최근에는 AI 기술을 바탕으로 데이터 처리 효율성과 자동화 기술이 크게 향상하고 있다.

과거 국가 주도로 우주상황인식 체계가 구체화되었을 당시에는 군이 우주감시 혹은 관측 인프라를 운영했고, 정보가 제한되었다.

반면 최근에는 상업용 센서 네트워크가 확대되면서 데이터 가용성이 넓어지는 추세다.

2015년 우주환경 감시기관으로 지정된 한국천문연구원은 우주위험 예방 및 대비 체계의 효율적인 구축과 운영을 담당하며 우주상황인식 임무를 수행하고 있다. 필요한 상황에는 우주물체 추락 비상상황실을 운영하고, 자체적으로 개발한 우주물체 전자광학 감시 네트워크 아울넷 OWL-Net 으로 우주물체 궤도를 관측하여 추락 위험을 예측한다.

이제 우주상황인식은 우주활동을 하는 국가라면 가장 기본적으로 구축해야 하는 기반이다. 그럼에도 우리나라의 관심은 여전히 저변도에 머물고 있으며, 중요성에 대한 인식도 매우 부족하다. 아직도 미 연합우주작전센터가 제공하는 정보에 의존하면 된다는 막연하고 안이한 인식이 있다.

우주는 공동으로 사용되는 만큼 각국의 독자적인 노력이 전제되어야 한다. 우주로 나가는 모든 이용자가 직간접적으로 우주상황 변화에 영향을 받을 수밖에 없기 때문이다. 그래서 우주상황인식 체계 같은 범지구적인 자산의 필요성은 시간이 지날수록 더더욱 커진다. 아니면 우주를 선점한 국가에 영원히 의존하면서 제약적으로 이용할 수밖에 없을 테니 말이다.

7.

우주영역인식
: 극단적 패권 다툼을 통제할 수 있는가?

'우주군'은 SF만의 이야기가 아니다

우주 작전은 어떻게 변화했는가?

우주활동 가운데 가장 많은 영향을 내포하는 활동이 바로 우주 위협이다. 우주 위협은 넓게는 '우주활동의 안전·안보·지속 가능성을 방해하는 모든 요소'로 정의할 수 있다. 여기서 '안전'이란 '위협 및 사고가 발생할 염려가 없거나 그런 상태'를 의미하므로 우주활동의 안전은 우주물체의 기술적·환경적 요소를 충족해야 한다. 즉, 우주 물체의 설계·발사·운용·임무 종료 후 처분 같은 기술적 요소와 유해한 오염이나 우주 기상 등 환경적 요소를 모두 충족해야 우주활동에서 우주 위협을 예방하고 안전을 확보했다고 말할 수 있다.

'우주영역인식'이라는 단어는 2019년부터 본격적으로 사용되기 시작했다. 미국 공군 우주사령부 Air Force Space Command; AFSPC 부사령관 존 쇼 John Shaw 가 2019년 10월 4일 제안서에 우주상황인식 대신 우주영역인식이라는 용어를 사용할 것을 요구한 이후부터다. 해당 제안서에는 우주영역인식을 "수동적·적극적 요인을 막론하고 미국의 안보·안전·경제·환경에 영향을 끼치는 우주영역과 관련된 위협과 기회를 식별하고 특성화하며 이해하는 것"으로 정의했다. 우주가 점점 혼잡해지고 경쟁 국가들이 미국 위성을 공격할 무기를 개발하는 상황을 고려한 결정이었다. 미군은 2023년 발표한 〈우주영역인식 교리 SDP 3-100 Space Domain Awarness〉에서 기존의 우주상황인식 관점을 넘어 외기권을 항공과 해양, 땅과 같은 전장의 영역 warfighting domain 으로 고려해야 한다고 주장했다. 더불어 우주 자원 보호와 우주에서의 작전 지원 같은 목적을 달성하기 위해 우주영역인식을 발동할 수 있다는 말도 덧붙였다.

우주영역인식도 우주상황인식을 기반으로 하기에, 먼저 어떤 우주 위협이 존재하는지 이해해야 한다. 특히 인공위성이 다니는 궤도 가운데 가장 활용도가 높은 저궤도·정지궤도나, 달 극지·화성 착륙지·라그랑주점(L1, L2) 같은 특정 천체는 전략적 요충지로서 선점 경쟁이 벌어질 수 있기에 더욱 주의가 필요하다. '선점한 자가 통제'하는 비공식적 우주 질서가 형성될 가능성이 존재하기 때문이다.

그런 의미에서 미국의 우주군 창설을 비롯해 전통적인 군사화 논쟁이 우주로 확장되는 양상은 새로운 국제 우주안보 프레임워크의 필요성을 부각한다. 이러한 전환은 군사안보 전략뿐만 아니라 인류 문명 질서 전체를 우주 문명으로 재정립하는 과정과 함께한다. 국가와 주권 개념, 전쟁과 평화의 구도까지 재편하는 거대한 패러다임 전환이 일어나는 셈이다.

게다가 현재 우주공간에서 일어나는 사건을 전천후로 감시할 수 있는 나라는 미국이 유일하다. 러시아·중국·유럽이 그에 버금가는 우주감시 능력을 갖추고 있지만, 어느 나라도 모든 상황을 실시간으로 파악하지 못한다. 우주영역인식은 모든 우주 작전의 기초다. 그런데 많은 나라가 우주영역을 감시할 역량이 부족하다는 사실은 우리에게 새로운 경각심을 심어준다.

우주개발 초창기에는 인공위성으로 군사적 위협을 조기에 탐지하는 것을 목표로 삼았다. 적국의 위성 발사를 탐지하고 궤도를 추적해서 정찰위성의 활동 여부나 핵무기 운반 같은 잠재적 군사 위협을 분석하는 활동이 주를 이뤘다. 과거에 지상은 육군이, 바다는 해군이, 하늘은 공군이 국가안보를 도맡았다면, 이제는 '우주'의 영역에서 미국을 비롯해 많은 나라가 우주군을 만들고 있다.

군에서 우주 활용을 연구하는 사람들이 우스갯소리로 하는 말이 있다. "지상에서 폴짝 뛰면 그때부터는 공군의 영역이지만, 달이든 화성이든 땅에 발을 딛는 순간부터는 육군의 영역이다." 미래에는 우주라는 영역을 활용해야, 즉 우주영역인식을 가동해야 전쟁에서 승리할 수 있다는 뜻이다.

우주공간은 이미 〈스타워즈〉의 장이다. 미래에는 우주 자체가 전장인 셈이다. 실제로 미국은 미래전에서 지상·해상·공중·우주·사이버/전자전까지 여러 영역을 동시에 활용해야 한다고 판단하고 다영역작전 Multi-Domain Operation; MDO 이라는 작전 개념을 세웠다.

전 세계에서 가장 많은 우주 자산을 보유한 미국은 우주상황 변화를 반영하여 국가안보 우주 전략을 우주정책지침 Space Policy Directive; SPD 에 포함했다. 2018년에는 우주교통관리 정책 National space traffic management policy 을 담은 〈우주정책지침 3 SPD-3〉을 발표하고, 2019년에는 세계 최초로 '우주군'을 창설했다. 우주에서의 잠재적 위협과 기회를 식별하고, 이를 토대로 실제 우주에서 발생하는 위협과 위험에 대응하는 우주 작전 수행은 우주개발 시대, 국가안보를 유지하는데 빠져선 안 될 능력이다.

우주의 교묘한 무기화

우주 군사작전은 기존의 고정된 기동을 따르는 궤도 위성을 넘어선 우주 위협에 대응해야 한다는 필요에 따라 계속 진화하고 있다. 우주 방위 전략은 대규모의 값비싼 단일 위성 시스템에서 지속적인 기동이 가능한 민첩한 우주선으로, 더욱 역동적이고 회복력 있는 방식으로 새로워지고 있다. 변화의 핵심은 위성이 단순히 정해진 궤도를 도는 데 그치지 않고, 필요에 따라 이동하고 수리하며 임무를 지속하도록 만드는 데 있다. 이를 '지속 가능한 우주 기동 sustained space maneuver'이라고 한다.

지속적이고 빈번한 기동의 수행은 적이 위협해올 때 예측 불가능하고 빠르게 회피하거나 기만할 수 있게 한다. 위성이 고정되거나 예측 가능한 궤도에 머무르는 기존의 '동적 우주 작전dynamic space operation'과 반대되는 개념이다. 지속 가능한 우주 기동 능력은 위성의 작동 수명을 연장하는 데 그치지 않고, 위성이 위협을 견뎌내고 적에게 도전 과제를 제시하도록 한다는 점에서 동적 우주 작전과 차이가 있다.

기존에는 10년 이상 사용하도록 설계된 군사 목적의 '최고급exquisite' 대형 위성이 궤도에 배치되었다면, 이제는 상용위성 본체를 활용한 소형 위성들을 몇 달 단위로 발사하며 '확산형 저궤도 위성군Proliferated Low Earth Orbit; pLEO'을 구축하는 방향으로 가고 있다. 기존 체계는 단일 위성이 한번 손상되면 전체 시스템에 치명적인 영향을 줄 수 있다는 취약점을 가지는데, 확산형 저궤도 위성군은 마치 벌집처럼 수많은 위성이 상호연결되어 있어서 일부가 손상되더라도 전체 시스템이 마비되지 않는다. 즉 위성 배치 전략을 전환한 이유는, 위성을 끊임없이 움직이고 필요에 따라 수리하거나 업그레이드하는 능력이 우주에서의 군사적 우위 확보에 이점을 주기 때문이다.

이러한 새로운 방위 전략을 가능하게 하는 핵심 기술 중 하나가 '우주 내 서비스·조립·제조In-Space Servicing, Assembly, and Manufacturing;

ISAM[1] 기술이다. ISAM은 위성을 궤도에서 직접 관리하고 활용하는 모든 활동을 포괄하는 혁신적인 개념이다. 과거에는 임무를 마친 위성이 그대로 우주 쓰레기가 되었다. 반면 ISAM 기술은 위성에 연료를 보급하고 궤도 위에서 위성을 수리하거나 업그레이드하면서, 우주 자산의 수명을 연장하고 새로운 임무를 수행할 수 있도록 한다. 우주 자원의 효율성을 극대화하고 우주공간을 더욱 지속 가능하게 만드는 데 필수적인 기술이다.

ISAM 기술은 적의 공격으로 손상된 위성을 즉시 복구한다거나, 위성군이 언제든 위협을 회피할 수 있도록 연료를 보급한다는 점에서 군사 분야에서 특히 중요하게 다뤄진다. 지속적인 기동 기능을 갖춘 위성은 궤도 경로를 예측하지 못하도록 위치를 변경할 수 있고, 이는 곧 적이 이들을 표적 삼거나 추적하기 어렵게 만든다. 앞에서 소개한 골든돔 미사일 방어 시스템에 탑재될 센서와 요격위성들은 적의 표적이 될 가능성이 높기 때문에 이러한 기능이 필수적이다.

ISAM 기술은 위성을 수리하거나 연료를 보급하는 평화로운 용도로 활용할 수 있지만, 동시에 위성 공격에도 사용할 수 있다. 위성을 수리하거나 연료를 보급하는 로봇팔은 동시에 적의 위성을 파손하거나 궤도에서 이탈시킬 수도 있다. 이러한 '공격' 잠재력 때문에 ISAM 기술이 우주에서의 군비 경쟁을 가속화할 수 있다는 우려가 나온다. 또한 ISAM 기술을 탑재한 위성은 기존의 지상 발사대 위성 미사일보다 더 정교하고 은밀한 방식으로 적 위성 네트워크를 무력화할 수 있어서, 위성공격무기의 진화한 방식으로서 우주에서의 충돌 위험을 크게 높인다.

이러한 이중 용도 딜레마는 우주공간에서 발생한 사고가 기술적 결함 때문인지 의도적 공격 때문인지를 식별하기 어렵게 만든다. 즉, 우주공간에서의 공격은 지구상의 무력 충돌보다 탐지하거나 책임 소재를 규명하기 어려운 '보이지 않는 위협'이다. 과거에는 위성을 폭파하는 미사일처럼 명백한 공격 무기가 논쟁의 초점이었지만, 이제는 우주 무기의 개념이 단순한 폭발물에서 '궤도 내에서 적의 자산을 조작하거나 비활성화하는 능력'으로 확장되었다.

ISAM 기술은 아직 초기 단계이지만, 우주공간의 무기화 논쟁을 심화했다. 이는 냉전 시대에 만들어진 우주조약들이 현재 기술 발전 속도를 미처 따라가지 못하고 있다는 점을 보여준다. 이를테면 1967년 제설된 외기권조약은 대량살상무기의 우주 배치만을 금지하고 있어서, ISAM 같은 비운동성 non-kinetic 위협이나 인공위성 간의 근접 작전 proximity operations 에 관해서는 명확히 규정하지 않는다. 특히 미국·중국·러시아 같은 주요 우주 강대국들은 자국의 우주 역량을 보존하고 발전시키는 쪽으로 서로 다른 견해를 내비치고 있어서, 우주에서의 행동규범 code of conduct 에 국제적 합의점을 찾는 일도 난항을 겪고 있다. 이는 우주에서의 신뢰를 약화하고 군비 경쟁의 위험을 높이면서 국제적 긴장을 고조시킨다.

미 우주군은 ISAM 기술을 활용하여 탄력적인 resilient 위성군을 구축함으로써 우주에서의 군사적 우위를 유지하려고 하고 있다. 상업 우주기업들의 ISAM 역량 개발과 강화를 독려하는 동시에 기술과 정책을 통합할 컨소시엄을 구성해서 우주군의 기동과 역동적인 작전에 따른 군사적 요구를 이해시키려는 생각이다.

중국과 러시아는 미국의 우주 역량에 대응할 방법으로 위성공격 무기 개발을 지속하고 있다. 그러면서 상대를 위협하거나 무력화하는 기술로서 인공위성 간 '근접 작전'에 초점을 맞췄다. 우주에서의 군사적 균형과 안정성은 아슬아슬하게 유지되고 있다.

최근 유엔에서는 우주 전문가 그룹을 구성해서 우주 자산의 안전과 지속 가능성을 높일 권고안으로서 장기 지속 가능성 가이드라인을 마련했다. 이 가이드라인은 우주 쓰레기 문제 해결과 충돌 위험 방지 등 기술적 협력을 강화하는 데 중점을 두고 있지만, 우주 방위의 미래는 기술 발전과 더불어 국제정치와 외교적 노력에 크게 좌우될 것이다.

러시아-우크라이나 전쟁은 '우주전'의 일부였다?

위성을 요격하는 방법, 하드킬 혹은 소프트킬

2021년 11월 15일, 러시아가 수명이 다한 자국의 첩보위성 코스모스 1408을 위성요격미사일로 폭파했다. 코스모스 1408은 1982년 구소련 시절 발사되어 수년 전 수명을 다하고 가동이 중단된 채로 고도 400킬로미터대에 떠돌고 있었다. 바로 다음 날 미국 연합우주작전센터는 파괴된 코스모스 1408의 파편들을 하나하나 찾았다. 이때 찾아낸 것만 해도 1,806개이다. 이때 생긴 파편들 때문에 국제우주정거장 우주인들은 비상사태를 발표하고 대피를 준비하는 등 대응조치를 했다. 2013년 개봉한 영화 〈그래비티〉가 현실에서 그대로 벌어진 셈이다. 다행히 국제우주정거장과 우주인들이 피해를 입지는 않았지만, 궤도에 50여 개의 파편이 남았고, 국제우주정거장은 여전히 충돌 위험을 예의주시하는 상황이다. 우주 강대국들은 수많은 정찰위성을 우주로 쏘아 올리고 있고, 다 쓴 정찰위성들은 코스모스 1408처럼 미사일 요격 실험의 대상이 되고 있다.

우주영역 지배 경쟁이 치열해지면서 미국은 양적으로나 질적으로나 수많은 인공위성을 쏘아 올렸다. 이에 대응해 러시아와 중국이 위성 요격을 개발하면서 군사적 긴장도가 높아졌다. 특히 러시아는 2020년에만 위성 요격 실험을 3회 진행했다. 2021년 4월에 이어 같은 해 11월에 코스모스 1408으로 두 번째 시험을 한 셈이었다.

현재 저궤도의 인공위성을 요격할 수 있는 국가는 미국, 러시아, 중국 그리고 인도다. 우주 선진국들은 우주 자산을 개발하는 동시에 공격하는 기술도 개발하고 있다. 유사시 선제 공격을 하려는 의도도 있겠지만, 존재 자체로 타국에 위협을 주어 자국의 우주 자산을 보호하려는 목적도 있다. 우주전을 대비하는 것이다.

위성 요격의 운용 방식은 두 가지다. 하드킬 hard-kill 방식은 지상에서 코스모스 1408을 미사일로 요격한 것처럼 물리적 충돌로 목표 위성을 손상하거나 파괴하는 방식이다. 소프트킬 soft-kill 방식은 물리적 충돌 없이 지향성 에너지 공격 Directed-Energy Weapon; DEW 이나 해킹을 이용해서 위성의 정상적인 운영을 방해하거나 일부 기능을 일시적·영구적으로 파괴하는 방법이다. 소프트킬 방식에서 전자파를 이용할 경우 태양에서 발생하는 자기폭풍의 영향과 구분하기 어렵고, 한시적으로 재밍 공격을 시도하다가 멈추면 일시적 피해만 남고 원래대로 돌아간다. 하드킬 방식과 달리 파편을 만들지도 않고 물리적 물증을 남기지도 않기에 탐지가 어렵다. 최근에는 사이버 보안 문제도 우주 보안에 중요한 부분으로 대두되었다.

지상에서 미사일로 공격하는 위성 요격과 함께 우주 궤도에 머물다가 명령이 떨어지면 적국 위성을 공격하는 킬러위성도 위성공격 무기 가운데 하나이다. 킬러위성은 파괴하고자 하는 위성에 직접 충돌하기도 하고, 근접 비행을 하다가 유사시 전자파나 레이저로 위성의 기능을 무력화하기도 한다.

2022년 4월 18일, 카멀라 해리스 미국 부통령은 캘리포니아주의 반덴버그우주군기지 Vandenberg Space Force Base; VBG 를 방문해서 "미국은 앞으로 위성 요격을 실시하지 않겠다"라고 발표했다. 중국과 러시아의 위성 요격 실험으로 생긴 파편이 국제우주정거장과 우주인들뿐만 아니라 우주개발 자체를 크게 위협했기 때문이었다. 미국은 다른 나라들에도 우주개발의 새 규범으로 위성 요격 금지를 약속하자고 촉구했다. 책임 있는 우주 행동을 장려하는 이 결의안에 우리나라를 포함해 일본과 독일, 영국, 캐나다, 뉴질랜드 등이 동참했다.

그런데 앞으로 기술이 더욱 발전하여 지상에서 우주로 공격하는 미사일뿐만 아니라, 우주에서 지상을 공격하는 미사일을 장착한 공격위성이 자국 상공에서 주요 군사시설을 정밀 타격하는 일이 가능해진다고 가정한다면 우주 전쟁의 현실화를 우려할 수밖에 없다.

사이버전의 파괴력

21세기 문명은 위성 인프라에 구조적으로 의존한다. 위성 통신은 원양 해상과 산악 지대의 통신 공백을 메우고, 저궤도위성의 우주 인터넷은 재난이 발생했을 때 지상 백홀*의 대체망이 된다. 위성항법시스템은 항공·해양·육상의 물류, 대중교통, 정밀 농업, 전력망, 금융 타임스탬프time spamp**에 모두 얽혀 있기에 우리 생활에 필수적이다. 지구관측위성은 기상, 재난 감시, 안보 정찰까지 사회와 경제의 '눈' 역할을 한다. 문제는 위성 인프라에 의존이 커질수록 취약성도 기하급수로 커진다는 점이다. 우주의 위협이 군의 지휘통신을 겨냥하는 데 그치지 않고 도시의 안전을 잠식하는 것이다.

우주 자산은 근본적으로 예측 가능하고, 적극적인 방어 수단이 제한적이다. 궤도역학은 연료로 엄격히 제한되기 때문에 기동을 예측할 수 있고, 발사 중량이나 전력, 열 제어 설계의 제약 때문에 적극적인 방어 수단도 지극히 제한적이다. 이로 인해 우주 전쟁에서는 공격과 교란을 수행하는 공격 측이 방어 측에 비해 비대칭적 비용 우위를 갖는 경향이 있다. 즉, 소형·저가의 간섭 장비나 사이버 침

---

* 지상 통신 네트워크로 기지국과 코어 네트워크를 연결하는 유무선 통신망을 말한다.
** 이름 그대로 일종의 전자도장을 말한다. 전자문서가 위·변조되지 않았음을 증명하는 기술로서, 전자문서가 특정 시각에 존재하고 있었으며, 생산 시점 이후 문서가 변경되지 않았음을 증명하는 역할을 한다.

투만으로 고비용의 서비스를 마비시킬 수 있는 구조다.

2022년 2월 발발한 러시아-우크라이나 전쟁은 저궤도위성이 전쟁의 승패에 큰 영향을 미친다는 사실을 증명하면서 현실에서 우주전이 어떻게 실현되는지를 보여주었다. 우리나라 외교부에서 제공한 외교안보연구소 발간 자료에 따르면, 그동안 사이버 공격 행위는 물리적 파괴력을 동반하지 않는 선에서 논의되어 왔으나, 2022년의 전쟁은 사이버전이 어떻게 실질적으로 파괴력을 행사하며 전세에 영향을 행사할 수 있는지를 보여주었다. 사이버전은 "모든 수준에서 행위자를 본격적으로 군사적 차원에서 활성화"시키며, "물리적 전장에서는 자제된 확전이 (…) 사이버 공간에서는 전혀 제어되지 않고 전개"되는 양상을 보인다. 미국은 전쟁 발발 직후부터 우주군의 능력이 전쟁에 큰 영향을 끼치리라는 사실을 알고 있었다.

우크라이나는 전쟁 중에 세계 최대 합성개구레이더 군집위성을 보유한 핀란드의 위성기업 아이스아이 ICEYE 등에서 러시아군의 움직임을 실시간으로 영상 정보로 제공받았다. 우주기업 스페이스X는 우크라이나에 지상 기지국 없이도 통신할 수 있는 스타링크 위성통신 서비스를 지원했다. 이로써 우크라이나는 지상 통신망이 파괴된 상태에서도 드론 공격은 물론 효율적인 작전을 펼칠 수 있었다.

러시아 해커들은 우크라이나가 이용하는 미국의 비아셋 VIASAT KA-SAT 위성 통신망 해킹 공격에 나섰다. 러시아는 전형적인 위성 재밍이 아닌 사이버 침투로 위성 통신용 모뎀과 정부의 관리 시스템을 교란했지만 결과는 동일했다. 중서부 유럽 위성 통신이 한동안 마비되었고, 유럽 지역 인터넷 접속도 상당한 정도로 차단되면서 우크라이나의 방어용 통신에 심각한 장애가 발생했다.

우크라이나는 일론 머스크에게 인터넷 서비스 제공을 요청하여 저궤도 위성 통신인 스타링크 이용을 제공받았지만, 곧바로 전파 교란 목적의 재밍 시도가 뒤따랐다. 전장에서 저궤도위성 통신은 재밍과 전파 교란의 상시 타깃이 된다. 러시아는 우크라이나의 전력망·철도망·통신망을 포함한 사회 인프라를 무력화할 목적으로 지속적인 사이버 공격을 수행했다. 파괴형 악성코드인 와이퍼wiper를 제작해서 공격 대상의 네트워크를 감염시키고 복구할 수 없을 정도로 시스템을 철저히 파괴했다. 위성공격무기보다도 값싼 '소프트킬'의 전형이었다.

우주에서의 전파 교란의 대표적 사례는 위치를 나타내는 GPS 신호를 방해해서 항공기·선박·군사작전의 위치 정보를 교란하는 것이다. GPS 위성 신호는 지구에 도달하면서 세기가 약해지는데, 이 취약점을 이용하는 방식이다. 방법은 두 가지다. GPS 수신기가 위치 파악에 사용하는 위성 신호보다 강한 교란 전파를 의도적으로 송출하여 수신기가 잘못된 위치 정보를 받거나 작동하지 않도록 만드는 재밍과 거짓 GPS 신호를 생성하여 수신기가 잘못된 시각과 위치를 도출하도록 유도하는 스푸핑이다.

재밍은 강한 주파수만 흘려보내면 되는 단순한 기술이기에 사실

누구나 감행할 수 있다. 그래서 이른바 항anti 재밍 기술로 방어할 수 있다. 하지만 스푸핑은 보다 복잡한 기술을 필요로 한다. 신호의 크기를 분석해서 주파수 교란 여부를 확인할 수 있지만, 잡아내기가 쉽지 않다. 스푸핑은 선박이나 항공기의 접근 경로, 금융거래 시각에 오차를 발생시키는데, 특히 자동운항 시스템이 있는 선박과 항공기에 치명적이다. 현대 사회에서는 위성 항법 교란 전쟁이 전에 볼 수 없을 정도로 확대되었다. 우주 및 사이버 공간에서 부대의 위치와 이동, 시점을 교묘하게 교란하는 전쟁이 전에 없던 규모로 벌어지고 있다.

우주전에서는 하드킬 방식과 소프트킬 방식뿐 아니라, 상대 위성에 아주 근접하여 추적과 기동에 부담을 주는 방식으로 연료를 소모하거나 임무를 중단하게 유도하는 사일런트킬silent-kill 방식이 복합적으로 사용된다. 사일런트킬 방식은 레이저 대즐링dazzling*이나 블라인딩blinding** 같은 방식으로 광학위성의 센서에 열 손상을 줘서 점진적인 손상을 일으키거나 데이터 왜곡, 신호 변형을 유도한다. 통신 두절, 항법 오차, 지휘통제 지연과 데이터 왜곡에 따른 오판은 실질적 피해보다도 치명적일 수 있다. 공격 자체 때문이라기보다 복구 지연이 큰 사회적·군사적 비용을 초래하기 때문이다.

* 고출력 레이저로 위성에 탑재된 영상 센서를 포화시켜 일시적으로 위성의 감시 기능을 방해하는 방법이다.
** 영상 센서를 망가뜨려 위성의 감시 기능을 마비시키는 방법이다.

우주전 시대에 어쩌면 우리는 수천 기의 위성을 쏘아 올려 일부 위성을 파괴해도 서비스가 지속하리라고 기대하는지도 모른다. 하지만 하드킬 방식에 의한 집중적이고 지속적인 파편화는 발사와 유지 비용을 증대시키고, 전자·사이버 공격 같은 소프트킬과 사일런트킬 방식은 지상 인프라망을 도미노처럼 붕괴할 수 있다는 점에서 적극적인 대응 체계를 갖춰야만 한다.

단순히 발사체와 위성을 개발하여 궤도에 올려놓는 것만이 우주전을 대비하는 길은 아니다. 진짜 우주전은 센서 네트워크와 신호, 정보에서 비롯한다. 우주를 감시하고 위험과 위협에 대응하며, 피해에서 빠르게 복원할 신뢰성 있는 경로를 준비하는 것이 우주전에 대비하는 가장 현실적인 길이다.

현대 우주전의 세 가지 체계

제4의 전장이라 불리는 우주는 전략의 3대 요소인 시간·공간·속도 측면에서 전략적 우위를 달성할 수 있는 중요한 거점이다. 우주공간은 군사력을 바탕으로 공격 징후를 사전에 파악하고, 적이 예측하지 못하는 시간과 공간에서 공격을 개시할 수 있는 다차원 영역이다. 우주 능력을 보유한 국가는 그 자체로 상대에게 압력을 행사할 수 있고, 일부 우주 능력을 활용하여 상대를 위협하거나 압박할 수 있다.

전장으로서의 우주는 작전 수행에 수많은 위험이 산재하는 미지의 극한 환경이다. 위성·통신링크·지상요소 운영에 영향을 미치는 우주기상과 전자기 간섭, 위성 통신과 항법 교란, 전자기 공격까지 모두 우주 작전의 위험요소이며, 여기에 우주방사선이나 우주먼지, 혹은 극심한 온도 차 같은 척박한 환경도 가세한다. 이런 공간에서 최첨단 집적 기술을 활용해 생존을 유지하는 동시에 임무를 수행해야 하는 것이다.

이제 세계는 우주의 군사화와 무기화 경쟁에 돌입했다. 미국과 러시아는 미·소 경쟁 때부터 위성 기반 무기를 우주 궤도에서 운용했다. 중국과 러시아는 미사일과 킬러위성 외에도 공격 대상 위성과 지상국 사이의 통신을 방해하는 전파방해장치와 지향성 에너지 무기를 계속해서 개발하고 있다. 미국·중국·러시아 세 국가가 우주에 전략 자산 배치를 강화하면서 세계 각국도 우주 무기 개발에 박차를 가하고 있다. GPS 기반 유도무기 guided weapon*와 사이버전 같은 비살상무기가 실용화되면 화력을 사용하지 않고도 적의 지휘통제를 마비하고, 전략적 요충지를 점령하여 전투력을 무능화할 수 있다.

우주에서의 현대전은 총 세 가지 체계로 정리할 수 있다. 첫 번째는 감시 혹은 정찰 체계이고 두 번째는 방어 체계, 마지막으로 공격

---

* 목표물을 정확하게 타격하기 위한 유도 기능이 탑재된 무기를 말한다. 유도무기는 첨단기술과 함께 진화하며 점점 더 정교해지고 있다.

체계이다.

감시·정찰은 모든 우주 무기 체계의 기본 운용 개념이다. 감시·정찰 체계에서는 전자광학과 레이더 체계, 감시·정찰위성을 상호연동하거나 통합 운영하여 자국 위성의 비정상 상황을 감지하고, 적성국의 위성을 광역 탐색한다. 또한 주변국의 장거리 탄도미사일을 위협하거나 감시하여 종합적으로 전천후 24시간 조기 경보 능력을 갖춘다. 방어 체계로는 적의 공격 미사일 발사를 탐지하고 요격하는 적외선 위성 시스템과 미사일 방어 체계가 있다. 공격 체계는 인공위성을 이용한 우주 무기로, 대탄도 요격 체계와 대위성 요격 체계로 나뉜다. 대위성 요격 체계에서는 직접 발사하는 지상 대 우주 ground to space 무기, 다른 인공위성에 접근하여 전자장치로 방해하거나 위성 작동에 영향을 주는 우주 대 우주 space to space 무기, 우주 기반 요격기 space based interceptor 같은 우주 대 지상 space to ground 무기를 사용한다.

첨단 과학기술의 혁신으로 우주공간의 활용 여건이 개선되면서 우주영역의 감시·정찰·통신·항법·조기 경보 활동은 우주 자산 보호와 군사작전의 감시 차원에서 점점 더 중요해지고 있다. 우주를 지배하는 국가가 전쟁의 승자가 될 확률이 높아지면서 자율학습 기능이 탑재된 인공지능형 레이저와 무기, 위성 탑재용 무기 체계와 우주전투기 개발도 촉진되고 있다.

첨단 우주 기술의 발전으로 우주에 대한 의존도가 더욱 심화하고 있다. 뉴 스페이스 시대, 우주가 상업화될수록 우주의 군사화와 무기화가 가속화되고 있으며, 우주공간은 전장의 영역으로 변화하고 있다.

국가 내 합동을 넘어
국가 간 연합으로

달 탐사는
경쟁이 아닌 상호운영

2023년 8월 20일, 우주탐사가 더 이상 국가의 전유물이 아니라 민간 기업의 주도로 이루어질 가능성이 드러난 날이다. 이날 미국 민간 우주기업인 인튜이티브 머신스Intuitive Machines가 달 남극 근처에 무인 달탐사선 로봇 '오디세우스Odysseus'를 착륙시켰다. 높이 4.3미터, 폭 1.6미터, 무게 675킬로그램의 오디세우스는 스페이스X의 팰컨 9을 타고 나사 케네디우주센터에서 달을 향해 출발했다. 실린 우주탐사 탑재체는 총 열두 개로 나사에서 여섯 개, 민간에서 여섯 개를 실었다. 착륙 과정에서 레이저 장비가 말썽을 부려서 착륙이 2시간 미뤄지기도 했고, 하강 중에는 10분 동안 통신이 끊기기도 했지만, 결국 성공적으로 착륙해서 달 표면 사진을 지구로 보냈다. 통신이 재개된 직후 인튜이티브 머신스 CEO는 "달에 오신 것을 환영한다"라고 외쳤다.

2025년 1월 15일에는 미국의 블루 고스트Blue Ghost 와 일본의 리질리언스Resilience 무인달탐사선이 발사되었다. 블루 고스트를 만든 미국 파이어플라이 에어로스페이스Firfly Aerospace 는 나사의 상업용달탐사선서비스 프로그램에 참여하고 있고 이에 따라 과학 장비를 달에 실어 나르고 달 표면을 분석할 로버를 투입하는 임무를 부여받았다. 일본의 우주벤처기업 아이스페이스ispace 가 만든 리질리언스 탐사선은 2023년 4월 세계 최초로 달 착륙을 도전했지만, 착륙선의 고도 측정 센서가 제대로 작동하지 않는 바람에 연료가 떨어져서 달 표면과 충돌했다. 이어서 2025년 6월 6일 다시 도전에 나섰지만 고도 측정에 문제가 생기면서 하강 속도를 줄이지 못해 이번에도 월년에 충돌했다.

이제 미국·중국·유럽 같은 국가뿐만 아니라, 다양한 민간 우주기업이 달 탐사 경쟁을 벌이고 있다. 과거의 달 궤도는 탐사선과 중계위성이 드문드문 통과하던 조용한 공간이었다. 이제 이 공간은 복잡하고 역동적인 운용 환경이다. 20세기 후반 달 탐사는 국가 자존심과 우주 경쟁의 상징이었다. 협력보다는 기술력 과시가 주된 목적이었다. 그러나 지금의 달 탐사는 완전히 새로운 맥락으로 봐야 한다. 다수의 국가가 자체적 또는 공동의 달 탐사 계획을 세우고 수많은 민간기업이 탐사선·착륙선·궤도선·자원 탐사 플랫폼을 개발하면서, 달은 우주산업의 전초기지로 인식되고 있다. 이러한 환경에서는 협력과 경쟁이 필연적으로 동시에 진행된다.

과학적 목적의 달 탐사에서는 협력이 효율적이다. 인프라를 공유하고 과학적 이익을 나눠 갖는 것이다. 달정거장의 경우도 비용을 분담하고 역할을 나눠서 각각 모듈·보급선·로봇팔 등을 나누어 건설하는 방식으로 협력할 수 있다.

그러나 달 착륙지의 선점이나 자원 채굴, 소유권 주장, 핵심 기술 개발에서 국가 간 경쟁은 여전하다. 달은 남극의 항온영구그늘에서 물 자원을 확보할 수 있는 핵심 요충지라, 많은 국가가 섀클턴Shackleton 분화구나 말라퍼트Malapert 산, 패리Parry 크레이터 같은 제한된 착륙 가능 지역에 경쟁적으로 착륙을 시도하고 있다.

미국 주도의 다자간 협정인 아르테미스 협정은 자원 채굴과 소유권을 인정한다. 중국과 러시아는 달 협정 기반의 '공동유산 원칙'을 주장하고 있다. 현재 우주에서는 자원 채취량이나 채굴 위치, 방식, 보고 의무에 국제적 기준이 없기 때문에 자원 채굴과 우선권에서 국가 간 충돌이 지속되고 있다. 국가와 민간기업 사이에서도 기술 주도권을 확보하려는 경쟁이 활발하다. 착륙 정밀도, 자동기동, 우주 현지자원활용, 자율운용 같은 핵심 기술은 여전히 경쟁요소로 남아 있다. 이러한 현실을 고려했을 때, 우주에서는 질서 있는 사용 자체가 지속 가능성의 핵심이다.

달은 광활해 보이지만, 실제로 과학적 가치가 있고 착륙이 가능하며 궤도 안정성이 높은 공간은 매우 제한적이다. 따라서 달 탐사가 지속 가능하려면 다음과 같은 핵심 조건을 만족해야 한다. 우선 탐사 데이터와 궤도 정보, 충돌 예측 정보를 공유하는 상호운용성이다. 달 탐사 임무를 등록하고 궤도 진입이나 착륙 순서, 탐사 범위에 관한 국제 경쟁 프레임워크를 정립해야 한다. 아르테미스 협정과 달 협정, 우주조약을 아우르는 새로운 협력 체계도 필요하다.

달은 단지 우주 기술 경쟁이 펼쳐지는 공간이 아니라, 인류가 어떻게 우주로 확장하면서 질서와 협력을 유지할지를 시험받는 무대다. 달의 지속 가능성은 협력의 틀 안에서 어떻게 함께 달 공간을 사용할지를 결정하면서 나아갈 때 가능해질 것이다.

연합우주작전센터의
능동적 전장 대비

캘리포니아 중부 해안, 샌타바버라에서 북쪽으로 한 시간쯤 차로 올라가면 상업지구도, 관광지도 없는 곳이 나온다. 이곳은 단순한 군사시설이 아닌 미 우주군이 궤도 위 전장을 지휘하고 국제 우주감시 작전을 통합하면서 필요하다면 대응까지 실행하는 반덴버그우주군기지가 있는 곳이다.

연합우주작전센터는 반덴버그우주군기지 내에서도 가장 고도로 보호되고 가장 조용한 전쟁을 준비하는 공간이다. 이곳은 세계에서 가장 많은 궤도 데이터를 통합·분석하는데, 모든 데이터가 국가의 우주 작전 상황과 직접 연계되어 있다.

20세기 후반까지 우주활동은 대부분 정보 수집과 통신, 정찰 같은 수동적 군사 활동에 머물렀다. 2000년대에 들어서면서 위성 사이의 충돌 위험성과 위성 자산의 상호의존성이 증가하고 민간위성의 전략적 활용이 확산하면서, 우주를 '능동적 전장'으로 인식하는 전환점이 만들어졌다. 이러한 배경 속에서 미국 공군은 우주전장에서의 명확한 작전구상 체계 수립의 필요성을 느꼈고, 이는 합동우주작전센터 Joint Space Operations Center; JSpOC 의 탄생으로 이어졌다.

합동우주작전센터는 2005년 5월 18일 미국 전략사령부 US Strategic Command; USSTRATCOM 의 지휘 아래 캘리포니아주 반덴버그공군기지에 설립되었다. 합동우주작전센터는 이전까지 미국 내 각 부서에 분산되어 있던 우주 작전 기능을 단일작전 통제 구조로 통합해낸 첫 시도였다.

합동우주작전센터는 위성과 파편의 궤도 정보를 수집·분류하는 우주상황인식 임무와 군사위성 운용을 통제하는 임무, 미사일 경보나 GPS 네트워크를 보호하여 위성 통신의 안정성을 확보하는 임무 등 우주전을 지원하는 핵심 임무를 부여받았다. 동시에 전통적인 공군작전센터의 구조를 일부 수용하면서 공역과 우주영역을 하나의 작전 공간으로 보는 통합적 시각을 강화했다.

그러던 가운데 2007년 중국이 자국의 기상위성 펑윈 1C를 위성요격 실험으로 직접 파괴하여 3,000개 이상의 궤도 파편을 발생시킨 사건이 일어났다. 이어서 2009년 미국의 이리듐 33 Iridium 33 와 러시아의 코스모스 2251 위성이 잇달아 충돌했는데, 이 사건은 우주공간이 실제 물리적 충돌이 벌어지는 전장으로 변모할 수 있다는 사실을 각인시켰다.

2014년부터는 미국·영국·캐나다·호주·뉴질랜드가 우주상황 공동대응을 구상하면서, 연합국 간 협력을 강화하려는 목적으로 공동 훈련과 실험이 시작되었다. 이 시기에 등장한 것이 다양한 작전 데이터를 통합하는 공동플랫폼인 JMS JSpOC Mission System 와 연합우주작전센터였다.

2018년 7월 18일, 합동우주작전센터는 공식적으로 연합우주작전센터로 명칭을 바꾸고 기능을 대폭 개편했는데, 가장 핵심적인 전환이 바로 '합동 joint'에서 '연합 combined'으로의 변화였다. '합동'이 미국 내 여러 군 사이 연합을 의미했다면, '연합'은 다국적 연합국과의 협력지휘 체계를 강조했다. 미국의 주요 동맹국을 실제 작전지휘 체계 안으로 통합시키는 구조적 변화였다.

2019년 12월, 미국의 우주군 창설로 연합우주작전센터는 새로운 지휘 체계 아래 배치되었다. 단순한 분석센터를 넘어 실시간으로 작전을 통제하고 전략 계획을 수립하며, 연합훈련과 사이버·전자전·우주 작전을 통합·지휘하는 곳으로 기능하게 되었다. 연합우주작전센터의 설립과 진화는 단순한 조직 개편 이상으로 우주가 독립된 전장으로서 다른 작전 영역과 동등하게 다루어져야 한다는 철학의 변화를 반영한다. 특히 우주전은 연합국의 실시간 협조 없이는 수행이 불가능하다. 그뿐만 아니라 위성 통신·GPS·우주상황인식은 민군이 공동으로 보유한 자산으로, 민간기업들과의 연계도 필수적이다.

　연합우주작전센터의 역사는 우주를 '작전 공간'으로 전환하는 여정이면서, 군사작전의 '다국적화'와 '민간 협력화'가 우주영역까지 확장되는 여정이었다. 21세기 우주안보 환경이 전통적인 군대 중심에서 데이터 공유와 상호운용성, 우주 자산 보호와 전 지구적 위협 대응 능력의 복합체로 진화하는 과정을 우리는 보았다.

Off the Record

미국 반덴버그우주군기지 훈련에 참여한 뒷이야기

**정보가 무기가 되는 시대,
연합훈련은 계속된다**

1941년 육군 훈련장인 캠프 쿡Camp Cooke에서 시작된 이곳은 냉전이 도래한 후 미국의 대륙간탄도미사일 개발을 가속화했고, 로켓이 궤적을 그리는 시작점이자 궤도의 침입자를 감시하는 초소가 되었다. 1958년 본격적으로 우주 발사 임무가 시작되면서 1990년대에는 군사정찰위성이나 기상위성, 통신위성의 발사 거점으로 기능이 확대되었다. 이곳은 어디일까? 2021년 미 우주군 창설과 함께 공식 명칭이 바뀐 반덴버그우주군기지다.

    반덴버그우주군기지는 지상에서 우주로 오르는 통로인 동시에, 우주에서 다시 지상을 향해 판단을 내리는 양방향 전략 거점이다. 반덴버그우주군기지가 특별한 이유는 무엇보다 기지의 위치에 있다. 북위 34도, 태평양을 향한 이 지점은 미국에서 유일하게 극궤도와 태양동기궤도로 우주물체를 발사하는 곳이다. 인구 밀집 지역을 피하면서 남쪽 바다로 로켓을 발사할 수 있는 최적의 조건을 갖추었다. 전 지구를 하루에 한 번씩 스캔할 수 있는 궤도에 정찰위성이나 환경관측위성을 진입시키려면, 사실상 이곳이 유일한 발사 장소이다.

2022년 미 우주군 주관으로 국제 우주상황조치 연합연습, 글로벌 센티널Global Sentinel이 열렸다. 글로벌 센티널에서는 세계 각국이 모여 궤도에서의 충돌 위험이나 재진입 우주물체의 추락 위험, 정지궤도에서의 충돌 위험 같은 다양한 우주상황에서의 위협에 따른 국가 간 협력과 대응 절차를 시뮬레이션한다. 각국의 우주상황인식 역량을 테스트하고 훈련하는 자리다.

우리나라도 2017년부터 글로벌 센티널 참가국에 이름을 올렸다. 현재 우리나라의 글로벌 센티널 참여 주체는 공군과 한국천문연구원, 한국항공우주연구원이다. 2020년부터 우주물체 추락 실제상황 훈련에 한국천문연구원이 참여하면서 단순한 참가국이 아닌 정보 기여국으로서 역할을 해왔다.

코로나 19로 훈련이 연기되면서 2022년 재개된 대면 훈련에서는 인원을 대폭 축소해 각국 네 명 이내로 파견을 요청했다. 우리나라는 공군에서 두 명, 합참에서 한 명, 그리고 그동안 온라인 연합연습에 분석 자료를 제공하던 내가 전문가로 포함되었다.

훈련에 참가한 다른 나라 군과 전문가들을 연합우주작전센터 본부 건물로 들여보내기란 꽤 쉽지 않은 결정이었던 듯하다. 본부에 들어가기까지 여러 차례 검문이 있었다. 우주상황인식을 총괄하는 관제실에 들어서는 순간, 굉장한 인상을 받았다. 벽면을 가득 채운 수십 개의 모니터가 모두 꺼져 있고, 관제실 의자에 아무도 앉아 있지 않았기 때문이다. 우리를 안내해준 담당자는 가상의 시나리오와 대응 체계를 설명해줬지만, 정작 눈앞의 스크린은 아무것도 보여주지 않았다. 하지만 나는 알 수 있었다. 그 꺼진 화면 뒤에서 얼마나 복잡하고 치열한 판단이 실시간으로 이루어지고 있을지를. 꺼진 화면들과 빈 의자들이 오히려 우주전장의 실재감을 더 깊이 느끼게 해줬다.

지금 이 순간에도 수백 수천 킬로미터 상공에서 인공위성들이 서로 얽히며 복잡한 수학적 궤적을 그리고 있고, 반덴버그우주기지에서는 그것을 인식하며 운영에 전념하고 있나. 정보 사체가 하나의 무기이며, 정확성과 투명성이 정보의 핵심이기 때문이다. 우주안보라는 단어가 추상적인 개념이 아니라 기술과 판단, 신뢰가 연결된 실체임을 실감하는 순간이었다.

그날 우리는 자체 개발한 인공위성 비행역학 시스템 카시오페이아KASI's space object Orbit Prediction, Estimation, Integrated Analysis System; KASIOPEIA를 소개하고, 카시오페이아로 분석한 궤도 예측 정보를 공유하면서 한국이 가진 기술적 역량과 분석 능력을 인정받았다. 우리는 단순한 참가자가 아니었다. 한국대표단은 우리 스스로 개발한 우주상황인식 솔루션을 이용해 훈련 상황에서 추락 위험 예측을 수행했고, 불확실한 궤도 구간의 오차 분석을 시각화하여 보여주었다. 그 결과는 훈련에 참가한 다른 나라에도 깊은 인상을 남겼다.

...

글로벌 센티널은 다국적 우주감시 현실을 그대로 드러내고, 우주안보의 복합성과 실시간 결정의 중요성을 체감하게 한다. 무엇보다 놀라웠던 부분은 미국이 우주상황인식 정보를 직접 공유하는 방식이었다. 물론 모든 정보를 공유하지는 못하지만, 제한적이나마 전략적 정보를 실시간으로 연계해주는 방식은 기술뿐만 아니라 신뢰와 공동대응이 구축되어 있어야 가능한 일이었다. 그것을 실감하는 순간, 나는 우리나라의 우주 전략 역시 독자적 정보 획득과 다국적 상호운용성이 반드시 병행되어야 한다고 확신했다.

그때의 경험은 '우주'를 구체적으로 실감한 순간이기도 했다. 우주전쟁이라는 용어가 아직은 과장처럼 들릴지도 모르지만, 사실 우주는 지구의 안보가 확장된 전선이다. 우리가 감시하고 대응하지 않으면 피해가 지구로 떨어진다는 점에서, 이미 우주 전쟁은 현실로 다가왔다.

훈련을 마치고 나오려는 순간 우리의 솔루션을 들은 미 우주군이 나사의 충돌위험분석 팀장을 급하게 불러와 소개해주었다. 그는 한국이 우주상황인식에서 무엇을 목표로 하는지 물었다. 나는 망설임 없이 대답했다. "우리는 독자적인 우주상황인식 능력을 갖추어 우주 위험 감시와 대응에 국제적으로 기여할 수 있는 공동파트너가 되려고 한다."

돌아오는 비행기 안에서 우리나라의 우주상황인식 전략과 개발 방향에 관해 느낀 점들을 정리하면서 나는 이 책을 쓰기로 결심했다. 우주에서 우리가 결코 뒤에 서지 않아도 된다는 확신을 얻었다. 반덴버그우주군기지에 잠시 발을 디디면서 느낀 그곳의 무게를 잊을 수가 없다.

우주는 점점 더 복잡하고 대립적이며 경쟁적인 공간이 되어가고 있다. 그럴수록 우리에겐 고요하지만 날카롭게 우주상황을 직시할 눈이 필요하다. 그 내용을 책에 담아 같이 나누고 싶었다.

PART.3

이미 시작된
우주 대항해 시대

새로운 패러다임으로 대비하라

8.

지구 중심 관점에서 벗어나자

전혀 다른 시간과
에너지 체계가 있다

우주의 하루는
24시간이 아니다

인류는 오래전부터 시간을 측정하고 구분하며 살아왔다. 연월일시 분초로 계산하는 지구의 시간법 timekeeping system 은 인간의 생물학적 리듬뿐만 아니라 농업·종교·역사·경제 전반을 지배해왔다. 여기서 초·분·시·일 day 은 지구의 자전 운동에서, 주 week 와 달 month 은 달 moon 의 공전 운동에서, 연 year 은 지구의 공전 운동에서 기반해 정의해왔다. 그동안 우리는 시간이라는 개념이 절대적인 자연의 질서를 따른다고 여겨왔다. 하지만 현재의 시간 개념은 어디까지나 지구 중심적 계산법이며, 지구 중력과 회전에 기반한 위치 종속적인 체계에 불과하다.

지구에서의 시간법은 태양의 위치에 기준을 둔다. 하루란 지구가

한 바퀴 자전하는 데 걸리는 시간이다. 태양이 가장 높이 떴을 때를 기준으로 다음 날 태양이 가장 높이 뜬 시점까지 걸리는 시간이 대략 24시간인데, 이를 평균태양일이라고 한다. 평균태양일을 24등분 하여 1시간으로 나누고, 1시간을 다시 60분, 60초로 나눈다. 지구를 기준으로 하는 항성일 sidereal day 은 지구의 춘분점*이 자오선**을 지나 다시 자오선에 오기까지 자전하는 시간인데, 23시간 56분 4.0초로 평균태양일과 차이가 난다. 이는 지구가 자전하면서 동시에 공전하기 때문이다. 평균태양일도 지구 궤도의 이심률, 지구의 적도면과 황도면의 경사로 인해 1년 동안 일정하지 않다.

산업 혁명으로 철도 운행과 통신 네트워크가 확산하면서 전 세계가 동일한 '기준 시간'을 공유할 필요성이 생겼고, 이에 따라 지구에서의 시간 인식도 점차 표준화되었다. 대표적인 결과가 협정세계시 Universal Time Coordinated; UTC 와 그리니치 표준시 Greenwich Mean Time; GMT 다.*** 1984년 국제 자오선 회의에서는 그리니치 자오선을 기준으로 전 세계에 스물네 개의 시간대 time zone 를 설정했다. 즉, 폭이 대략 15도 (1시간)가 되는 각 경도대 longitude zone 안의 모든 지점은 동일한 표준

---

* 황도와 천구의 적도가 만나는 두 지점 중 하나를 말한다. 다른 한 지점은 추분점이라 한다.
** 경선經線이라고도 한다. 남극과 북극을 지나는 남북 방향의 가상의 선을 말한다. 영국 그리니치 천문대를 지나는 자오선을 본초 자오선 혹은 그리니치 자오선이라 한다.
*** 협정세계시와 그리니치 표준시는 오차가 거의 없어서 일상에서는 혼용해서 사용한다. 기술적인 표기에서는 협정세계시를 사용한다.

시 standard time 를 사용하도록 한 것이다. 각 시간대의 경계선은 최대한의 편의에 따라 조정되어 있다. 기준 시간대가 0인 그리니치 표준시를 그리니치 평균시 또는 세계시라고 한다. 개기일식과 같은 천문 현상은 흔히 세계시로 표시한다. 우리나라는 세계시에서 9시간을 더해서 대한민국 표준시 Korean Standard Time; KST 를 사용한다. 표준화된 시간법은 철도·항공·통신 등 다양한 산업 분야에서 필수적이다. 또한 국제적인 시간 기준은 다른 나라와의 원활한 소통을 돕는다.

태양계 천체의 위치를 정확히 예측하려면, 일정한 속도로 꾸준히 계속되는 시간 기준이 필요하다. 그래서 천체역학에서는 세계시 대신 지구의 자전 속도 변화에 영향을 받지 않는 균일한 시간 흐름으로 역표시 Ephemeris Time; ET 를 사용한다. 역표시는 태양을 중심으로 하는 지구의 공전 운동에 기반하여 정의된다. 1900년이 시작되는 순간부터 측정이 시작된 역표초 ephemeris second 는 1990년의 1 회귀년 tropical year* 을 3155만 6,925.9747로 나눈 값이다. 당시에는 세계시와 역표시가 일치하였지만, 지구 자전의 불규칙성과 천체 운동의 차이로 인해 시간 차이가 발생할 것을 고려하여 이 차이를 보정할 목적으로 윤초를 사용했다.

우리는 지금까지 태양일을 중심으로 지구 관점에서만 시간을 인식해왔다. 그러나 우주공간으로 인간의 활동 영역이 확장되면서, 다

---

* 태양년이라고도 한다. 춘분에서 다음 춘분까지를 1 태양년이라고 한다.

중 시간권 도입이 진행되었다.

　절대적 시간 개념은 20세기 아인슈타인의 특수상대성이론과 일반상대성이론으로 무너졌다. 특수상대성이론은 시간과 공간이 관측자의 운동 상태에 따라 상대적으로 변한다는 이론이다. 일반상대성이론은 질량을 가진 물체는 주변의 시공간을 휘어지게 하고, 다른 물체는 이 휘어진 시공간에 따라 움직이기 때문에 중력이 강한 곳에서는 시간이 더 느리게 흐른다는 이론이다. 두 상대성이론은 기존의 뉴턴역학을 대체하면서 위치와 속도, 중력 조건이 다른 공간에서는 서로 다른 시간 흐름이 존재한다는 물리학의 새로운 기반을 만들었다. 실제로 GPS 시스템에서도 위성과 지상의 시간차를 보정해야 정확한 위치 정보를 알 수 있다. 시간은 절대적이지 않다.

　2024년 미 백악관은 달 주변에서 향상된 항해 서비스를 제공하도록 나사에 지구 근접 임무에 사용할 새로운 시간 표준 전략을 개발하라는 지시를 내렸다. 이후 나사의 새로운 임무를 돕고자 2025년 5월 천체시간표준화법 H.R. 2313 이라는 법이 통과되었다. 이 법안은 달과 그 주변 지역의 미래 운영과 인프라를 지원할 음력시간을 구현하기 위한 전략 개발을 보조한다. 또한 나사가 새로운 시간 체계를 개발할 때 몇 가지 핵심 요구사항을 따를 것을 지침으로 명시했는데, 내용은 아래와 같다. 먼저 새로운 협정음력시 Lunar Time Coordinated; LTC 를 협정세계시로 변환 가능하도록 한다. 또 지구와의 통신이 두절된 동안에도 중단 없이 작동하도록 하며, 달 이외의 다른 천체, 특히 화성까지도 확장하여 유사한 시간 체계를 구축할 수 있도록 한다.

과거에는 달 표준 시간대에 관한 문제가 크게 대두되지 않았다. 나사를 비롯한 여러 기관이 지구와 달 사이 공간에서 '임무 경과 시간' 같은 특정 시간 측정 수단을 사용하여 항법과 통신을 조정했기 때문이다. 그러나 나사를 비롯한 우주기관들이 달 탐사와 달 상주기지 건설에 집중하면서, 공통 시간 측정 시스템을 구축할 필요성이 커졌다.

달에서 지구 시간을 그대로 사용할 수 없는 중요한 이유 중 하나는 아인슈타인의 일반상대성이론과 관련이 있다. 지구 시계는 사실상 지구 중력에 맞춰져 있는데, 달 시계는 훨씬 낮은 질량과 중력을 가진 달에 맞춰야 하기 때문이다. 달의 시간은 지구보다 58.7마이크로초$_{\mu s}$ 가량 더 빨리 흐른다. 달 표면과 지구 사이의 원거리 통신과 항해에 필요한 정밀성을 고려할 때 58.7백만분의 1초에 불과한 차이가 현실 세계에서는 문제를 일으킬 수도 있다. 달에서는 새로운 시간 체계가 필요하다.

그렇다면 화성은 어떨까? 화성 시간계는 지구 시간계와 유사하다. 화성의 하루는 지구보다 39분 정도가 더 길다. 화성의 하루는 '솔$_{sol}$'이라고 부른다. 공전 주기는 지구보다 1.88배 정도 더 길어서 화성의 1년은 지구의 약 687일에 해당한다. 화성의 자전축은 지구와 비슷한 기울기를 갖고 있고, 자전 주기도 비슷해서 지구처럼 봄·여름·가을·겨울의 계절을 갖는다. 하지만 화성의 궤도 이심률이 훨씬 크기 때문에 각 계절의 길이는 지구보다 두 배 정도 길다.

화성 착륙 프로젝트에서는 24시간제 '화성 시계'를 사용하여 현지 태양시를 표시하는 관례를 사용했다. 화성 시계의 시·분·초는 지구 시간보다 2.785퍼센트 더 긴데, 이 방법은 24시간제와 같은 인간에게 익숙한 표준 도구를 사용할 수 있다는 장점이 있다. 협정화성시Martian Coordinated Time; MTC 는 지구의 협정세계시와 유사한 화성 표준시로, 화성 기준 정오 12시는 지구 시간으로 자정에서 12시간 20분 후와 같다. 협정화성시는 화성의 본초 자오선에서의 평균태양시로 정의하며 윤초 개념을 사용하지 않는다.

화성탐사선 패스파인더와 탐사로버가 화성에서 임무를 수행하는 경우, 운영팀은 지구가 아닌 화성 착륙 지점의 현지 시간에 맞추어 작업 일정을 조정한다. 현지 태양시는 화성착륙선의 일일 활동 계획에 상당한 영향을 미치는데, 착륙한 우주선의 태양전지판에 태양열을 공급해야 하기 때문이다.

우주에서의 일상 시간은 단순한 시계 설정을 넘어 노동 시간, 휴식 주기, 법적 시간 개념, 생체리듬까지 실질적인 일상 활동의 모든 영역에 영향을 미친다. 달 기지에서 주말은 언제일까? 지구와의 회의 시간은 어떻게 정할까? 화성에서의 하루는 몇 시부터 몇 시일까? 우주 기반 문명은 하나의 지구적 시간선 개념에서 벗어나 서로 다른 시간 흐름 속에서 활동하는 사회를 구성하기에 시간적 다양성을 요구한다.

현재 지구에서 1초는 세슘 원자의 진동수에 기반한다. 하지만 미래에는 태양과 지구 기준이 아닌, 우주 표준 기준 또는 인공지능 연산 주기에 따른 새로운 시간 단위가 필요해질지도 모른다. 지구와 달, 화성이 서로 정보를 교환할 때, 시간 일치가 전제되지 않는 조건에서는 블록체인 기반의 시점 검증 구조가 도입될 수도 있다. 혹은 인공지능이 인간보다 빠른 판단과 학습을 수행할 경우, 서로 다른 시간 단위를 사용하는 종種 간 협력 문제가 발생할 수도 있다.

  지구 문명에서 인류는 '표준 시간'으로 하나로 묶였으나, 우주로 문명이 확장되면 하나의 표준을 벗어난 '시간 다양성'으로 인해 인간 정체성이 다층적으로 확장될 것이다. 상대적이고 상황적인 시간은 시스템 설계와 인간 정체성의 가장 깊은 곳까지 영향을 주는 철학적·과학적 문제로 등장하고 있다. 시간 체계의 변화는 단지 물리학이나 천문학의 문제가 아니라, 인류 문명의 운영 방식, 일상생활과 철학적 자기이해, 과거와 미래를 정의하는 방식 전반을 바꾸는 패러다임의 대전환이다.

우주 에너지, 생존이 걸린 문제

인류 문명은 에너지 위에 세워진 구조물과 같다. 농경 문명은 태양광에 기반한 생물학적 에너지 흐름에 의존했고, 산업 문명은 화석연료의 연소로 폭발적인 성장을 이뤘다. 화석연료는 산업혁명 이후 석탄에서 석유로, 비교적 최근에는 천연가스까지 인류의 주된 에너지원으로 사용되었다. 이 연료들은 고대 생물의 유기물이 고압·고온 조건에서 축적된 결과물로, 지구라는 특정한 환경에서 형성된 한정된 자원이다. 디지털 문명은 전기와 반도체의 힘 위에 존재하며, 현재의 인공지능과 정보 기반 사회는 데이터센터와 통신망을 가동할 막대한 전력을 요구한다. 이 에너지 시스템은 거의 전적으로 지구라는 천체의 조건 위에 성립되었다. 태양광의 지표 도달량, 석유와 가스 매장량, 대기권의 존재, 중력 기반의 수력 발전까지, 모두 지구적 조건의 산물이다.

21세기 들어 환경위기와 기후변화에 따른 대안으로 태양광·풍력·수력·지열 등 재생 에너지로의 전환이 가속되고 있지만, 이들 역시 모두 지구 환경에 기반한 자원이다. 재생 에너지 체계조차 기후와 지형의 지배를 받는 구조다. 하지만 인류가 우주로 나아가 지구 궤도에 거주하거나 달과 화성에 정착한다면, 기존의 에너지 체계는 작동 불가능하거나 비효율적이다.

지구 궤도와 달, 화성에서의 에너지 조건은 모두 지구와 전혀 다르다. 우주 기반 문명에서는 새로운 물리 조건과 자원 환경에 맞는 에너지 패러다임을 고민해야 한다.

대부분의 우주공간은 중력이 작고 대기가 없어서 태양광이 직접 도달한다. 달과 화성에서 자원을 탐색 중이긴 하지만, 지구와 같은 화석연료는 존재하지 않는다. 달에는 지구에서 채굴하기 어려운 헬륨-3가 다량으로 매장되어 있고, 화성 극지방에는 물이 얼음 형태로 존재한다고 하지만, 극심한 온도 편차와 우주방사선에 노출되어 있다. 기존의 지구형 에너지 체계를 직접 이식하기란 불가능하다는 뜻이다. 새로운 우주 기반 에너지 체계 개발이 필요한 이유다.

꿈의 에너지로 통하는 우주 태양광은 우주시대 에너지 패권을 잡을 핵심 열쇠로 여겨지고 있다. 궤도 기반의 우주태양광발전Space-based Solar Power; SBSP은 지구에서처럼 지상의 날씨와 면적, 밤낮 같은 시간에 영향을 받지 않고 24시간 발전이 가능하다. 20세기 중반에 처음 등장한 개념인데, 이론적으로는 무한에 가까운 청정 에너지원이다. 여러 조건이 따라붙는 지상태양광발전보다 유리하다. 우주태양광발전은 위성에 태양광발전기를 실어서 우주에 설치한다. 태양전지판이 태양의 빛 에너지를 모아서 전기 에너지로 바꾼 후 이를 전자기파의 형태로 지상 혹은 우주기지로 전송하는 원리이다. 지상에는 전자 에너지를 직류전력으로 변환하는 안테나 렉테나Rectenna[*]가 있는데, 렉테나는 무선으로 전자기파를 수신한 뒤 이를 다시 전기 에너지로 변환한다.

현재 지상에서 태양광을 전기로 바꾸는 효율이 33퍼센트 정도라면, 우주 태양광 효율은 13퍼센트 정도로 더 낮다. 우주에서 생산한

---

[*] 정류기Rectifier와 안테나Antenna를 합성한 말이다.

전기를 지구 안테나까지 보낼 때 손실이 발생하기 때문이다. 하지만 총발전량으로 비교한다면 우주태양광발전이 지상태양광발전보다 두 배 정도 양이 많다. 날씨와 밤낮 관계없이 1년 내내 가동할 수 있기 때문이다. 1년 기준으로 본다면 우주 태양광 발전량이 지상 태양광보다 열 배 이상 높을 것이라고 한다.

그러나 우주태양광발전이 가능하려면 우선 대규모 태양전지판을 우주로 띄워서 운영해야 한다. 대규모 수신 안테나 등 기반시설도 설치해야 한다. 현재로서는 비용이 많이 드는 일이다. 특히 과거에는 우주 수송 비용이 비쌌기 때문에 엄두를 못 냈다. 하지만 최근 스페이스X의 재활용발사체 상용화로 발사 비용이 극적으로 낮아지면서 우주태양광발전이 다시 주목받고 있다.

에너지 전송 효율이나 발열 문제 같은 기술적 문제를 비롯해 안전성이나 경제성까지, 아직은 해결해야 할 한계점이 많다. 그러나 최근에는 미국뿐만 아니라 중국, 유럽 등에서 우주태양광발전 계획을 세우는 동시에 국가안보 전략으로 확대할 기술을 개발하고 있다. 우리나라도 2024년 1월에 항공우주연구원과 한국전기연구원 Korean Electrotechnology Research Institute; KERI 이 1.81킬로미터 떨어진 거리에서 무선으로 전기 에너지를 주고받는 데 성공하면서, 우주 태양광 기술 확보에 뛰어들었다. 우주 태양광은 달에 필요한 에너지를 공급하면서 달 탐사를 비롯해 우주 자원 개발에 활용할 수 있다.

우주 태양광뿐만 아니라 헬륨-3 자원도 우주 기반 에너지 전략의 하나로, 미래 우주경제의 핵심 자원으로 여겨진다. 헬륨의 동위원소 가운데 하나인 헬륨-3는 자기공명영상MRI 장비나 양자컴퓨터의 냉각장치에 활용할 수 있다. 특히 미래 청정 에너지원으로 여겨지는 핵융합 발전 효율을 기존 30퍼센트 미만에서 이론적으로 70퍼센트까지 끌어올릴 것으로 기대된다. 현재 핵융합은 바닷물에서 쉽게 얻는 중수소와 삼중수소를 이용하는데, 삼중수소 대신 헬륨-3를 사용하면 보다 효율성 높은 청정 에너지를 얻을 수 있다. 터빈을 돌리는 발전기도 필요하지 않다. 양성자 두 개, 중성자 한 개인 헬륨-3를 양성자 하나에 중성자 하나인 중수소와 핵융합하면 방사선 방출이 거의 없는 고밀도의 전기 에너지를 생산해낼 수 있다.

우주왕복선에는 25~40톤의 헬륨-3를 한 번에 적재할 수 있는데, 과학자들은 이 정도 양이면 미국이 1년 동안 사용하는 에너지를 충분히 공급한다고 계산한다. 100톤이면 지구온난화나 공해, 방사능 문제없이 전 인류가 1년 동안 사용할 에너지를 생산할 수 있으리라는 기대도 있다. 하지만 여전히 달에서 자원을 채굴하고 활용하기에는 기술적 난관이 많이 남아 있다.

우주 선진국들이 달에 우주기지를 건설하려는 계획에는 여러 목적이 있다. 그 가운데 하나가 미래 에너지 자원 확보이다. 중국과 일본도 달에 탐사선을 보내 헬륨-3를 가져올 계획을 추진하고 있고, 러시아도 달에서 헬륨-3 성분을 캐내어 지구의 핵융합발전소에서 연료로 쓰려고 한다. 과거 금광을 찾아 나선 서부 개척 시대가 우주

골드러시 시대로 재현되는 것이다.

지구에서의 에너지 주권은 국가 간 지정학적 갈등의 원인이었다. 하지만 우주에서는 우주 에너지를 확보하는 능력 자체가 주권을 결정하는 요소가 된다. 기존에 지구에서는 석유나 천연가스 같은 행성 고유의 자원과 환경 조건에 기반한 체계를 따랐다면, 우주에서는 우주 태양광 송신 능력이나 달의 헬륨-3 채굴과 같은 기술 우위 기반의 에너지 경쟁으로 체계가 전환되기 때문이다. 우주 기반 문명에서는 지구 기반 문명에서의 전제를 깨고 새로운 공간 조건, 새로운 물리법칙, 새로운 자원 매장에 맞춰 다양한 에너지 생태계를 설계해야 한다. 우주에서는 에너지가 단지 산업적 자원이 아니라, 생존 조건 그 자체다.

인간의 사고방식을
뒤흔드는 발견들

우주 패러다임 전환의 역사

패러다임이란 어떤 시대의 견해나 사고를 근본적으로 규정하는 테두리로서의 인식 체계, 또는 사물에 관한 이론적 틀이나 체계를 말한다.

여러 분야 가운데서도 특히 최근에는 우주, 또 우주와 관련한 과학기술이 현대인의 삶에 깊숙이 들어와 있으며 그 영향력도 점점 커지고 있다. 이러한 패러다임 전환의 근본에는 맨눈으로 정확한 천문 관측을 하여 방대한 양의 데이터를 모은 튀코 브라헤가 있다. 브라헤는 1572년에 '튀코의 신성'이라는 초신성을 발견했고, 이후 초신성이 안 보일 때까지 관측을 계속했다. 당시 브라헤의 정열과 재능을 알아본 국왕이 벤Hven이라는 작은 섬을 선물했고, 브라헤는 그곳에 천문관측소를 겸한 우라니보르크Uraniborg 성을 건설하고 '별의

성'이라는 뜻의 스티에르네보르그Stjerneborg 천문대를 만들었다.

요하네스 케플러는 브라헤가 모은 방대한 관측 데이터의 가치를 알아보고 연구에 몰두했다. 그는 주로 화성의 운동을 연구하면서 행성의 궤도가 완전한 원이라고 여기던 당시의 생각을 혁명적으로 바꿨다. 관측 데이터의 중요성을 알아보고 믿었기 때문에 가능한 일이었다. 1543년 코페르니쿠스가 지동설을 내놓기 전까지 1,500년이 넘도록 천동설이 지배하던 시대에 이는 인류 사고의 패러다임을 바꾸는 '과학 혁명'이었다.

튀코 브라헤가 천문을 맨눈으로 관측했다면, 갈릴레오 갈릴레이는 망원경을 제작하고 성능을 개량해가면서 관측했다. 갈릴레이는 1610년 1월 7일에는 목성의 세 위성 이오Io, 유로파Europa, 칼리스토Calisto를, 1월 13일에는 네 번째 위성인 가니메데Ganymede를 발견했다. 그는 이 위성들의 움직임을 관측하면서 작은 행성들이 목성 주변을 돈다는 사실을 알아냈다. 9월부터는 달의 위상 변화*와 유사한 금성의 위상 변화를 관찰했다. 천동설을 부정하는 관측 데이터들이었다.

케플러와 갈릴레이가 화성과 목성, 행성의 공전을 관측하고 분석한 데이터들은 지동설을 뒷받침하였다. 행성의 공전 같은 운행을 영어로 'revolution'이라고 하는데, 인류의 사고에 일대 '혁명'을 일으

---

* 달의 크기가 변하는 모습을 말한다.

킨 것과도 맥락을 같이한다. 코페르니쿠스의 아이디어부터 브라헤의 맨눈 관측, 케플러의 데이터 분석, 갈릴레이의 망원경 제작까지, 기술 발전과 새로운 데이터의 관측은 인류의 패러다임을 바꾸는 혁명을 이끌었다.

이제 지구에서는 거대 지상망원경으로, 우주에서는 우주망원경으로 지구 밖 다른 세계를 관측하며 방대한 자료를 수집한다. 케플러가 튀코 브라헤의 자료를 연구했듯, 많은 천문학자와 우주과학자가 우주 관측 데이터를 이용해 연구에 몰두하고 있다. 망원경으로 멀리서 바라보는 데 그치지 않고, 이제는 직접 가보기까지 한다. 우주탐사 기술의 발전이 인류의 우주 패러다임을 바꿔가는 것이 틀림없다. 만약 지구 밖에 생명체가 존재한다는 사실이 드러난다면, 혹은 우주의 기원에 관한 새로운 증거를 발견한다면 인류가 역사 속에서 추구해온 문화·사회·종교 전반의 사고 패러다임은 완전히 바뀔 것이다.

나사는 아폴로 계획 이후 반세기 만에 아르테미스 계획으로 유인 달 탐사를 재개하고, 무인우주선 오리온을 첫 단계로 발사했다. 2022년 12월 11일 오리온이 달 궤도 비행을 마치고 25일 만에 지구로 무사히 귀환했을 때, 외신들은 다음과 같은 기사 헤드라인을 걸었다. "인류 탄생 이래 가장 역동적인 우주시대가 왔다."

인간 정체성을 되묻다

'거주한다'는 말은 단순히 어딘가에 머문다는 의미가 아니다. 인간에게 거주란 생존의 조건이자 정체성의 기반이며, 기억과 문화, 소속과 관계를 형성하는 복합적 행위다. 인간은 오랫동안 지구의 표면, 그것도 극히 제한된 생물권 안에서 중력·공기·기후·땅에 기반해 지은 고정된 공간을 '집'이라 불렀고, 국경 안에서의 거주를 국민으로서의 조건으로 여겨왔다. 그러나 문명이 우주로 확장되면 '거주'라는 개념은 급격한 전환점에 도달한다. 거주는 더 이상 '지구의 일부를 차지하는 행위'에 머물지 않고, 비지구적 환경에서 인간의 존속 조건을 재구성하는 종합적인 설계 과정으로 확장된다.

우주공간에서 인간이 거주하는 데 필요한 환경을 조성하는 일은 극단적으로 까다롭다. 우주환경은 지구라는 천체가 제공하는 조건과 무관하게 진공 상태이며, 온도 변화가 극단적이고, 우주방사선과 미세중력, 자원 결핍 등 인간 생명에 극도로 불리한 조건이다. 따라서 지구적 자연환경을 대체하는 기술적 생태계 구축이 필수다. 예를 들어, 원심력을 생성하여 중력 차이를 극복하도록 돕는 인공중력 모듈 기술이나, 우주방사선을 차폐해주는 전자기 방호막, 레골리스regolith (월면 토양)를 활용한 차폐 돔 개발 기술이 필요하다. 우주 거주지 내에서 산소를 생성하고 이산화탄소를 제거하는 대기 순환 시스템이나 수자원 순환 시스템 같은 재료과학, 방사선 차폐나 미세운석과의 충돌을 방지하는 구조공학도 필수다. 더군다나 우주에서는 지구와의 거리 때문에 통신 지연이 발생해서 실시간 소통이 어렵다. 심리적으로도 고립감이 발생하기 때문에 정체성에 대한 불안이나 사회적 지위 문제도 대두된다.

생존 조건을 스스로 설계해야 하는 기술 생태계에서 인간은 기술 융합적 존재로 진화할 테고, 이는 곧 우주 기반에서의 정체성 재정의로 이어질 것이다. 인간은 오랫동안 지구에서 지구의 물리적 조건에 최적화하여 진화했다. 우주로 이주하거나 거주 공간을 확장하는 순간, 인간은 이 전제를 상실한다. 이를테면, 달에 거주하는 우주 주민은 지구 기준의 국적을 따를 것인가? 우주 주민으로서 무국적 상태가 되는 것인가? 또 주소와 재산권은 어떻게 정의할 것인가?

우주로 확장한 인간은 생존을 위해 환경에 적응해야 한다. 그 과정에서 자기 자신을 조정하거나 심지어 재설계할 필요에 지면한다 따라서 우주 기반의 거주는 단순한 기술 문제가 아니라, 생존·자립·제어·소통·윤리까지 아우르는 전체적인 기술 패러다임의 중심에 서 있다. 이러한 변화들로 인해 인간은 생물학적·인지적·기술적 차원에서 더 이상 '호모 사피엔스'의 경계 안에 머물지 못할지도 모른다.

나사가 국제우주정거장에 1년 동안 체류한 우주비행사 스콧 켈리 Scott Joseph Kelly 와 지구에 남은 그의 일란성 쌍둥이 마크 켈리 Mark Edward Kelly 를 비교한 2019년의 '트윈 연구 NASA Twin Study'는 우주환경이 인간의 유전체·후생유전학·생리학에 어떻게 영향을 미치는지 실험적으로 분석한 대표적 사례이다. 결과적으로 우주환경은 단지 '불편한 환경'이 아니라, 세포 수준에서 인간을 재구성하는 물리·유전학적 환경이었다. 무중력 상태에서 인간의 감각 체계와 운동 체계에는 급격한 재조정이 발생한다. 이러한 신경학적 변화는 적응의 문제를 넘어선 감각 기반 정체성의 구조적 재구성이다. 인간은 '몸이 감지하는 세계'를 기준으로 사고하고 존재를 인식한다. 따라서 구조가 바뀌면, '나'에 대한 인식 또한 변화할 수밖에 없다.

지구라는 고정된 장소에 얽매이지 않고 시간과 에너지, 법과 공동체의 기준, 정체성 같은 문제를 동적이고 재설계가 가능한 체계로 만드는 지속적인 과정으로서 우주 기반 문명으로의 패러다임의 전환은 이미 시작되었다.

카사, 우주 강국의 꿈을 실현하기 위하여

1957년 스푸트니크 쇼크는 미국의 나사 탄생에 중요한 시작점이었다. 1958년 4월 아이젠하워 대통령의 제안으로 창설된 나사는 같은 해 10월 1일 운영을 시작했다. 당시 미국은 우주개발의 전략적 중요성을 인식했고, 군사 및 국가안보적 우주활동을 다루는 조직과 과학적 우주활동을 다루는 조직을 별도로 두기로 하면서 나사가 탄생했다.

지구의 중력을 벗어나기란 매우 어렵다. 그렇다고 우주로 나가고자 하는 인간의 꿈과 의지가 꺾이지는 않는다. 인간은 꿈꾸고 그 꿈은 성공과 실패를 거듭하면서 실현된다. 우주를 탐험할 때, 우리는 확실히 새로운 것을 발견한다. 한편으로는 새로운 발견보다 우리가 모험한다는 사실 자체가 훨씬 중요한지도 모르겠다.

다른 세계를 향한 발견의 약속은 우리가 우주에 관해 하는 모든 노력을 가치 있게 만든다. 만약 언젠가 다른 세상에 생명이 존재한다는 증거를 발견한다면, 여기에 쏟은 모든 희생과 노력과 시간은 가치 있는 것이 된다. 인류가 화성이나 유로파에 여전히 살아 있는 무언가를 발견하게 될지, 누가 알겠는가?

우주개발은 과학기술의 발전만을 위한 것이 아니다. 시야를 넓혀서 미래를 향한 꿈과 희망, 국력과 국격의 과시, 진략적 국가안보 대비, 미래 신산업과 우주 자원 기반 구축 등 여러 요소를 고려해야 한다. 우리나라도 우주항공 기술을 개발하여 혁신 기술을 확보하고자, 또 우주항공산업을 진흥하여 우주 위험으로부터 국민을 보호하고자 우주항공청을 설치하고 조직 및 운영에 필요한 사항을 규정했다.

우주항공청은 우주개발이 경제적 이익으로 이어지는 뉴 스페이스 시대에 우주 기술의 파급력을 활용해 우주산업을 육성하고자, 또 우주탐사·산업·안보·국제협력까지 확대된 우주정책을 수행하고자 설립된 전담기관이다. 2024년 1월 26일에 우주항공청의 설치 및 운영에 관한 특별법이 제정되었고, 2024년 5월 27일에 대한민국 우주항공청이 개청되었다.

우주항공청은 나사를 모델로 하여, 이름도 카사 Korea Aero Space Administration; KASA 다. 카사는 전문적이고 유연한 조직과 운영 체계를 표방한다. 한국천문연구원과 한국항공우주연구원은 국가과학기술연구회에서 우주항공청 소관 기관으로 옮겨졌다. 2025년 9월 우주항공청은 인류 지식과 우주경제 영토 확장을 표방하며 '대한민국 우주탐사 로드맵'을 발표했다. 이 로드맵에서는 우주에 관한 근본적 질문에 답하고 과학적 통찰과 지식 확장을 이루고자 우주와 태양계의 기원·진화 탐구, 과학 발전 혁신을 핵심 목표로 설정했다. 또한 지속적인 탐사와 거주를 위한 우주 자원 활용을 연구하고, 달과 화성 기지를 건설함으로써 우주경제 영토를 확장하고자 한다. 우주산업 생태계를 활성화할 신사업 창출도 핵심 과제로 짚었다. 우주개발과 우주경제 실현을 적극적으로 추진하겠다는 취지다.

어릴 적 과학잡지 《뉴턴》이나 우주 관련 뉴스를 보면 나사에서 발표하는 자료들이 많았다. 언젠가 나도 모르게 내 책과 노트 한편에 나사라고 적어놓곤 했다. 우주를 좋아하는 사람에게 나사는 여전히 꿈과 동경의 이름일 것이다. 스페이스X 창업자 일론 머스크는 인류가 달에 착륙하고 두 해가 지나서 태어났지만, 어릴 적 영상으로 달 착륙 장면을 본 것이 인생을 바꾼 전환점이었다고 말한다. 우주를 꿈꾸는 사람들 중에는 '아폴로 키즈'가 많았다.

전남 고흥 나로우주센터에서 '한국형 우주발사체' 누리호가 우주를 향해 웅장하게 날아오르는 모습에 온 국민이 환호했다. 이 장면을 목격한 '누리호 키즈'들이 앞으로 카사를 보며 우주를 향한 꿈을 키우길 바란다. 2045년 달 기지 건설, 그리고 그 이후 인류 역사의 '결정적 순간'을 만들 카사를 기대한다.

"우주에 비전이 있는 나라가 세계 경제를 주도하고 인류의 당면 문제를 풀어갈 수 있다." 2022년 11월 28일에 열린 '미래 우주경제 로드맵 선포식'에서 나온 말이다. 우주는 항상 새롭고 당당한 도전을 요구한다. 우주의 잠재력과 중요성은 아직 많은 부분에서 탐구되어야 한다. 지금의 아이들과 청년들이 카사를 보며 우주를 향한 꿈과 도전을 펼치는 미래를 그려본다.

9.

우주교통관리
: 우주 거주를 도울 안전 운행을 위하여

통제를 벗어난 우주물체, 어떻게 관리할까?

우주교통에도
관리 모델이 필요하다

'우주교통관리 시대', 그다지 낯설지 않은 단어다. 우리가 이미 지상·항공·해상 교통을 관리하는 시대에 살고 있기 때문이다. 교통관리 시스템의 적용 대상으로 가장 쉽게 떠올릴 수 있는 교통수단은 자동차·비행기·배 같은 현대의 필수적인 이동수단들이다. 자동차나 비행기가 없던 시절에는 고민하지 않아도 되던 교통관리 개념이 지금은 없어서는 안 될 중요한 분야가 되었다. 비슷하게 우주교통관리도 향후 몇 년 안에 우주활동에 없어서는 안 될 필수요소가 될 것이다.

100년 전 미국 뉴욕의 거리와 지금의 도로 상황을 비교해보자. 자동차 이용의 폭발적인 증가로 도로가 얼마나 많아지고 복잡해졌는지 알 수 있다. 우리는 이제 핸드폰 앱으로 실시간 교통 정보를 파악하고, 가장 빠른 길을 찾아간다. 도로 상황 예보로 가고자 하는 목적지까지 얼마만큼의 시간이 걸릴지도 예측한다.

비행기의 안전하고 효율적인 운항을 돕는 항공교통관리도 있다. 항공교통관리 시스템은 지상에서 비행기와 지속적으로 교신하며 하늘길의 교통을 책임진다. 비행 전에는 계획을 세우고 이륙 허가를 내리며, 이륙 후에는 비행 중의 충돌을 방지하고 이상 상황이 있는 경우 전달하면서 안전한 비행을 유도한다. 바다에서도 마찬가지다. 선박교통관리는 항행하는 선박의 안전이나 해상교통의 효율성, 해양환경보호 같은 요소들을 관리한다.

우주에서는 어떨까? 우주비행은 빠르게 진화하고 있다. 우주공간을 사용하는 방법, 우주활동의 유형과 사용자, 그리고 기술적 도전까지 새로이 갱신되고 있다. 새로운 규제사항이 요구되는 이유다. 항공교통관리와 해상교통관리에서 구축한 개념은 우주에도 반영할 수 있다. 단 항공이나 해상과 다르게 인공위성이 도는 궤도의 특징을 파악하고 적용해야 한다는 점을 염두에 두어야 한다.

항공 분야의 국제민간항공기구는 우주교통관리를 위한 국제조정기관의 모델이 될 만하다. 항공기가 명확한 시계 조건에 따라 운항하고, 특수한 기상 조건에서는 공항 같은 지정 지역 주변에서 상용 비행하지 못하도록 하는 시계비행규칙 visual flight rule 은 우주선을 특정 고도로 제한하는 지침으로 반영할 수 있다. 해상 분야에서 일정 규모의 선박에 지리적 위치 데이터 제공을 요구하는 선박자동식별시스템Automatic Identification System; AIS 같은 모델도 위치 데이터 공유 지침으로 적용할 만하다. 일기예보처럼 국경 너머의 데이터로 기상 서비스를 제공하는 시스템 역시 우주 공동체의 데이터 공유에 유용한 롤모델이 될 수 있다.

물론 다른 점도 존재한다. 교통관리 측면에서 비행기나 선박은 자체제어가 가능하지만, 우주물체는 자체제어가 불가능한 경우가 있다. 추진 기능을 탑재하고 남은 연료로 운용 중인 위성의 경우 지상에서 명령을 보내 위치를 변경하는 식으로 제어가 가능하겠지만, 추진 기능이 없거나 연료를 다 쓴 인공위성과 우주 쓰레기는 제어가 불가능하므로 상대적으로 위험성이 더 크다. 이러한 인공우주물체를 모두 모니터링하고 실제 운용 중인 위성에 충돌 가능성이 발생할 때 회피하는 상황은 우주 분야에서만 발생하는 특수성이다.

수명이 끝난 인공위성의 운명은?

우주교통관리는 크게 세 단계로 나뉜다. 첫 번째는 발사 단계로 발사 전 인공위성의 통지, 발사체 상위단의 처리를 수행한다. 두 번째는 궤도에서의 단계로 임무를 마칠 때까지 운영하는 동안 정보를 제공하거나 충돌회피를 관리한다. 세 번째는 사후 또는 재진입 단계로 우주 쓰레기 경감 방안이나 능동적제거 방안을 다루는 단계다. 우주교통관리에서는 궤도 영역을 비롯한 우주공간 혹은 우주물체나 교통에 관련한 표준을 고려해야 하는데, 모두 기존의 우주법을 기초로 한다.

우주교통관리는 2016년 유엔 COPUOS의 법률소위원회에서 정부 간 수준의 논의가 시작되었다. 국제우주아카데미 International Academy of Astronautics; IAA 의 우주교통관리 관련 연구도 2016년에 출판되었고, 유럽우주국도 우주교통관리 접근을 준비하고 있다. 나사를 비롯한 우주기관들에서는 궤도의 우주 자산 안전을 강화하고 우주환경의 장기 지속 가능성을 보호하기 위해 우주교통모니터링 Space Traffic Monitoring; STM , 우주교통규제 Space Traffic Regulation , 우주교통조정 Space Traffic Coordination; STC 기능을 준비하며 미래 우주시대를 대비하고 있다.

결국 가장 큰 어려움은 수명이 종료된 인공위성의 폐기 문제다. 선박이나 항공기는 수명이 종료되면 운항 궤도에서 벗어난 특정 구역에서 폐기된다. 하지만 인공위성은 수명이 종료되어도 계속 궤도에 남기 때문에 다른 우주물체 운용에 위험요소로 남는다. 우주 쓰레기의 제거도 우주교통관리에 필요한 요소로, 우주 쓰레기를 누가 어떻게 처리할지 국제적 논의가 필요하다. 그런데 역설적이게도 우주 쓰레기를 제거하기 위한 다양한 활동이 우주교통관리를 더욱 어렵게 할 수도 있다. 우주 쓰레기를 제거할 위성도 결국 우주공간에서 움직이기 때문에 다른 운용 중인 인공위성과 충돌할 가능성이 커진다. 우주 쓰레기 포획에 실패해서 충돌이 발생한다면 더 많은 우주 쓰레기가 파생하는 것은 물론이다.

결국 인공위성이 급증하고 운영 주체가 다양해지면서 우주가 점점 더 혼잡해지는 상황에서는 우주상황인식에 우주교통관리를 더하여 고려 범위를 확대해야 한다. 인공위성 기동 기술이나 우주 쓰레기 제거 기술 등 우주개발에서 발전시켜야 할 부분들이 더 많아지는 셈이다.

더군다나 우주물체가 임무를 마치고 폐기에 성공할 확률이 현재 인공위성은 60퍼센트, 발사체 상단은 65퍼센트에 불과하다. 우주 지속 가능성을 유지하려면 우주물체 폐기율을 95퍼센트 이상까지 올려야 한다. 현재 안전 비행 방식의 한계와 우주 교통량 증가의 전망을 고려할 때, 이제 현상 유지로는 우주활동의 장기적 지속 가능성을 지탱하기 어렵다.

이제는 인공위성이나 우주 쓰레기의 위치를 아는 우주상황인식만으로는 충분치 않다. 그보다도 혼잡한 환경에서의 인공위성 기동에 대한 공통적 이해와 관리가 필수인 우주교통관리 시대다. 우주에서의 충돌 사고를 방지하고 우주를 안전하고 지속적으로 이용하려면, 인공위성의 움직임을 감시하는 우주상황인식과 인공위성의 운영을 관리하는 우주교통관리의 병행이 필요하다.

회피기동, 누가 규제하고 책임질까?

우주물체 초군집 시대의 복잡성

1982년 체코 출신 연구자인 루보스 페렉 Lubos Perek 은 자신의 논문 〈우주교통법규 Traffic Rules for Outer Space 〉에서 우주교통관리의 개념과 우주교통법칙의 원칙을 최초로 제시했다. 몇 가지만 소개하자면 폐기위성의 처리, 무덤궤도로의 이동, 우주 쓰레기 감소, 우주물체 식별 및 우주환경 오염의 최소화 등이 있다. 이후 얼마 되지 않아 국가와 국제기구 차원에서 관련 정책과 가이드라인이 수립되기 시작했다.

지속 가능한 우주환경을 유지하려면 장기적으로는 궤도에 남아있는 우주 쓰레기를 제거해야겠지만, 단기적으로는 우주 쓰레기 경감 조치를 시작해서 궤도에서의 우주 쓰레기 형성을 감소시켜 나가야 한다. 더불어 중기적인 관점에서 우주상황인식과 우주교통관리로 우주활동에 지장을 주는 우주 쓰레기의 영향을 지속적으로 줄여나가야 한다.

우주교통관리는 우주활동과 국가 활동을 긴밀히 연결하는 포괄적 교통 시스템 개념이다. 운용 중인 인공위성은 우주교통관리로, 지구 궤도에 남아 있는 우주 쓰레기의 움직임은 우주상황인식으로 관리하며 궤도력을 확보하는 전략이 필요하다. 미국은 1988년 세계 최초로 우주쓰레기경감조치 Orbital Debris Mitigation Standard Practices; ODMSP 를 발표했고, 연방통신위원회에 민간 우주회사의 발사 라이선스 발급 권한을 부여하는 등 우주물체와 관련한 규제를 도입했다.

어쩌면 우주개발 역량이 높아지고 위성의 기동력이 향상할수록 우주상황인식과 우주 지속 가능성이 어려워질 수 있다. 기동력이 늘어날수록 우주상황인식으로 궤도를 예측하는 능력이 떨어지기 때문이다. 예측 가능성이 떨어지면 우주물체와의 충돌 위험 가능성이 늘어나고, 결국 파편이 증가하는 패러독스가 발생한다. 우주 지속 가능성을 높이려는 노력이 우주 파편 증가로 이어지는 악순환이다. 결국 우주물체의 탐지와 추적, 충돌회피와 관련한 우주상황인식과 우주교통관리에 우선순위를 두고 정책과 기술을 개발해야 우주 지속 가능성의 기회를 놓치지 않을 수 있다.

다만 개별 충돌회피 중심의 우주교통관리로는 한계에 부딪힐 수 있다. 초군집 시대의 복잡성에 대응하려면 업데이트된 우주교통관리 체계가 필요하다. 궤도 데이터의 초정밀 업데이트와 국경을 초월한 데이터 통합과 협력, 인간 개입을 최소화하는 AI 기반의 충돌회피기동, 발사·운용·폐기까지 생애주기를 통합하여 관리하는 체계로 지속 가능성을 확립해야 한다. 지금처럼 자율에 맡기기보다는 규범과 법제로 강제성을 부여해야만 실질적인 이행이 될 것이다. 발사 승인부터 궤도 운용 모니터링, 위반 시 제재권 부여까지 종합적으로 수행하는 국제 우주교통관리기구가 만들어져야 하는 이유다. 한 나라나 몇몇 민간기업만의 문제가 아니기 때문에 공동의 데이터베이스를 갖춘 데이터 허브가 필요할 수도 있다. 궤도 밀도를 조정하고 지속 가능성 인증 제도를 도입하는 등 우주 지속 가능성 중심의 우주교통관리 체계를 구축해야만 우주교통 시대를 안전하고 평화롭게 이용할 수 있다.

두 위성의 충돌 위험에서 누가 피해야 할까?

지구 저궤도는 이미 교통량이 많은 고속도로와 같다. 군사위성, 민간 소형 위성뿐만 아니라, 나라별로 우주 인터넷과 통신 등 다양한 임무를 수행하는 인공위성 수천 기가 초속 7~8킬로미터의 속도로 교차하며 매일 지구를 돈다.

인공위성은 자신만의 궤도를 따라 회전한다. 그런데 과연 그 궤도는 '보장된 영역'일까? 운용 중인 두 위성 사이에 충돌 가능성이

제기되면 누가 먼저 회피기동을 해야 할까? 간단한 질문 같지만, 아직 명확한 해답은 없다. 이 질문은 단순한 기술적인 회피기동 수행을 넘어, 우주교통관리의 철학과 법·기술·국제관계가 교차하면서, 우주교통관리의 가장 치명적인 공백을 드러내는 지점이 되었다.

위성끼리의 충돌 위험이 감지되었을 때 일반적으로는 궤도 기동이 가능한 쪽이 회피기동을 수행한다. 하지만 현실은 더 복잡하고, 고려해야 하는 요소가 많다. 기동 능력이 없는 파편이나 잔해물 같은 우주 쓰레기와 출동할 위험에서는 언제나 능동 위성이 회피기동의 주체가 되는데, 이는 곧 운용 중인 위성에 더 많은 책임이 부과된다는 뜻이다. 회피기동은 연료를 소모하기 때문에 남은 임무 기간이나 위성 수명에 영향을 준다. 거기다가 궤도 수정에 따른 임무 지연에서 발생하는 비용까지 부담해야 한다. 더 선진적이고 협조적인 주세가 더 많은 부담을 지는 구조다.

보통 충돌 위험성은 궤도 전파로 2~3일 전에 예측한 정보를 바탕으로 근접 거리와 충돌 확률을 계산하여 구한다. 이 정보를 공유받아도 소형 민간위성은 빠르게 대응하기 어려운 경우가 많다. 물론 스타링크와 같은 대규모 위성망은 자체적인 판단으로 회피기동을 수행하지만, 중소기업이나 개발도상국의 위성들은 그러지 못한다. 우주물체 충돌 위험에 대한 대응 불균형은 책임 전가의 구조를 만든다.

현재는 어떤 국제조약도 '누가 피해야 하는지' 명시하지 않는다.

1976년 발효된 등록협약에서 외기권에 발사된 우주물체를 등록한 국가가 책임을 져야 한다고 언급할 뿐, 충돌회피기동을 의무로 규정하지는 않는다. 먼저 발사한 위성이 우선인지, 임무 가치가 높은 쪽이 면제 대상인지, 유인우주선과 무인우주선 가운데 어느 쪽이 우선인지 국제적 합의가 없다. 결국 법적 공백이 존재하는 셈이고, 책임의 경계가 없는 셈이다. 현재는 비공식적인 협상과 현실적인 기술력에 따라 회피기동의 주체가 정해진다.

2019년 9월 유럽우주국은 미 스타링크와의 충돌을 피하기 위해 기상위성 아이올로스Aeolus 가 회피기동을 했다고 보고했다. 유럽우주국은 두 위성의 충돌 가능성을 분석한 후 스페이스X에 연락했지만, '조치할 계획이 없다'는 이메일 답변을 받았다고 한다. 유럽우주국은 스페이스X 측이 위험 회피 조치를 거부한 이유가 스타링크 위성의 전기 추진 시스템이 아이올로스의 화학연료 추력 발생 장치만큼 신속하게 반응할 수 없기 때문이리라고 추정했지만, 스페이스X는 이와 관련해 어떤 반응도 내놓지 않았다. 스페이스X, 원웹, 아마존 등 자체 위성망으로 궤도의 상당 부분을 선점한 대규모 군집위성들은 공공규제 없는 상업 시장 주도로 우주교통이 과밀화되고 있는 현실을 보여준다. 시장 주도의 현실에서 과연 공공의 책임을 어디까지 물어야 할까?

최근 미 상무부는 위성의 궤도 정보를 공유하고, 충돌 가능성을 분석하여 제공하는 우주교통조정시스템Traffic Coordination System for Space;

TraCSS 개발을 시작했다. 이 시스템은 미 우주군이 공개하던 우주상황인식 정보들을 이관받아 민간 혹은 공공의 우주 운영자들이 충돌 위험을 인지하고 피하도록 지원한다. 그런데 미 상무부가 이관받은 미 우주군의 충돌 가능성 분석 정보는 얼마나 정확할까? 미국과 중국, 러시아는 자체적인 우주상황인식 자산을 보유하고 있지만, 대부분의 국가와 민간기업은 미 우주군이 공개한 TLE(평균궤도요소) 데이터에 전적으로 의존한다. 따라서 정밀한 우주상황인식 정보의 비공개에 따른 충돌 예측 오류가 상시 존재한다. 데이터 공유는 우주교통관리의 핵심이지만, 보안과 경쟁 때문에 오히려 정보 공유를 꺼리는 상황이다. 정보의 비대칭은 우주교통관리를 어렵게 한다.

'누가 피해야 하는가?'는 단순한 궤도 기동의 문제가 아니다. 그것은 '누가 책임질 준비가 되어 있는지', '누가 투명하게 정보를 공유할 수 있는지', 혹은 '누가 협력과 규범을 지킬 의지가 있는지'를 묻는다. 공정한 우선권 기준과 투명한 우주상황인식 정보 공유 체계를 만들어서 상업 운영자와 국가 사이에 공적인 책임을 조율하는 신호등을 세워야 한다. 이제 우주는 질서와 책임, 상호존중의 공간이 되어야 한다.

10.

제도적 공백을
무사히 지나가기

국제 우주법 체계를
마련하는 길

우주 자원은 누구 소유인가?

우주 자원은 인류의 미래인가? 누구의 소유인가? 21세기 우주개발은 단순히 궤도에 위성을 쏘아 올리는 수준을 넘어서, 천체의 자원을 직접 채굴하고 활용하는 단계로 진입하고 있다. 이는 곧 기술적 진보를 넘어 법적 소유권과 경제적 독점, 윤리적 책임과 세대 간 형평성 같은 복잡한 논쟁을 동반하는 새로운 우주시대가 개막했다는 뜻이다.

  달의 얼음은 누구의 것인가? 소행성에서 채굴한 백금과 헬륨-3는 국가 소유인가 기업 소유인가? 우주는 정말 모든 인류의 자산일까? 1967년 우주조약은 우주공간을 모든 인류의 공동자산으로 명시했지만, 2015년 플로리다주에서 의회에 발의하고 개정을 거쳐 통과한 상업적우주발사경쟁력강화법 commercial space launce competitiveness act

은 민간의 자원 이용과 판매권을 인정한다. 일본은 2021년 우주자원법 space resource act 으로 민간기업의 채굴물 소유와 상업화를 명시했다. 룩셈부르크는 2017년 우주자원법으로, 아랍에미리트는 2019년 우주에 대한 연방법 federal law on space 으로 채굴한 자원의 법적 소유권과 정부 승인에 따른 민간 자원 채굴을 허용했다.

국제조약과 국가법 가운데 무엇을 우선적으로 적용해야 하는지의 충돌 가능성은 우주의 무법지대화 혹은 국가별 규범 우회의 위험을 발생시킨다. 국제적 법적 합의의 부재에 따른 주권화 혹은 민영화의 우려도 남아 있는 상태다. 우주조약을 민간과 군사, 자원 채굴까지 모든 영역에 적용할 수는 없다. 외기권 인공위성 등록협약이나 책임협약에 관해서도 운영 데이터를 공유하거나 실제로 책임을 물어 적용한 사례가 거의 없다. 민간 우주기업이 규제 공백 속에서 국경 없는 활동을 하고, 우주상황 데이터들을 비공개로 전환하는 상황에서 글로벌 우주 위험인 충돌 가능성은 점점 더 예측이 어려워지고 있다.

우주 자원 경쟁은 지속 가능한 우주 거버넌스의 시험대다. 달의 얼음, 소행성의 자원 등 지구 밖 문명의 기반이 될 수 있는 우주 자원의 소유와 접근, 이용 방식에 관해 먼저 글로벌 합의를 이뤄야 한다. 지속 가능성이 없는 우주는 물리적 충돌뿐만 아니라, 법적 충돌, 국가적 충돌이 일어나는 무대다.

발사국의 책임을 묻다

1957년 스푸트니크 1호의 발사로 인류는 처음으로 인공우주물체를 지구 대기권을 넘어서는 지구 궤도에 올렸다. 기존 국제법이 상정하지 않던 '지구 너머의 영역' 문제에 직면하면서, 국가 주권이 미치지 않는 공간으로 우주를 규정해야 하는지, 아니면 새로운 주권 질서가 필요한지에 관한 논쟁이 시작됐다. 그리고 1960년~1970년대에 유엔 주도로 우주활동을 규율하는 국제 우주법 체계가 마련되었다.

스푸트니크 쇼크 이후 미국과 구소련이 우주에서 군비 경쟁을 펼칠 우려가 제기되면서, 핵무기의 우주 배치 가능성이나 궤도의 무기화를 방지할 조치가 필요해졌다. 국제사회는 우주공간을 '공공의 영역'으로 설정하고자 했고, 1966년 유엔 총회에서 우주조약 초안을 통과시켰다. 우주조약은 1967년 1월 27일, 미국·소련·영국 등이 서명하며 발효되었다.

우주조약은 '우주는 인류 공동의 것'이라는 선언적 규범을 궤도·달·소행성 등 우주의 공유지에 법적 구속력을 갖는 국제조약으로 성문화한 최초의 사례이다. 주요 내용으로는 우주공간은 오직 평화적 목적으로만 사용해야 한다는 '평화적 이용 원칙', 민간 활동도 소속국이 국제적 책임을 져야 한다는 '국가 책임의 원칙', 핵무기 같은 대량살상무기를 우주에 배치하지 못하도록 하는 '핵무기 금지 원칙', 마지막으로 달과 다른 천체는 소유·점유·점령이 불가하다고 명시한 '천체 이용 규정'이 있다. 우주조약은 과학적 조사 결과를 국제사회에 공개하고 협력을 강화할 '국제협력 의무'와 우주환경 오염을 방지하고 지구에 반입되는 위험물질을 관리할 '환경보호 의무'도 부과한다.

우주조약 제2조는 발사국의 국제책임 원칙을 선언했지만, 구체적인 절차와 배상 체계를 마련하지는 않았다. 당시 미국과 러시아는 핵원자로를 사용하는 핵탑재위성 Nuclear Powered Satellite; NPS 을 정찰위성으로 많이 발사했다. 문제는 이 위성들이 귀환할 때 통제 불능 상태로 지구 대기권에 재진입한다는 점이다. 구소련이 1977년 발사한 인공위성 코스모스 954는 핵원자로를 탑재하고 있었는데, 다음 해인 1978년 계획했던 궤도로 진입하지 못하면서 통제를 잃은 채 대기권에 진입했다. 잔해는 캐나다 북서부 지역에 떨어졌는데, 핵원자로가 제대로 타지 않고 추락하면서 인공위성 잔해에 남아 있던 방사능 물질이 추락 지역에 오염을 야기했다. 캐나다 정부는 잔해물의 추락에 관해 미리 알리지 않은 소련에 항의했고, 책임협약에 따라 방사능 오염을 처리할 피해보상을 공식적으로 청구했다. 우주물체 추락으로 지상이 입은 피해에 책임협약을 적용한 최초의 사례이다.

인공우주물체의 추락은 궤도역학적 예측으로 일정 부분 관리가 가능하지만 완벽한 통제는 불가능하다. 책임협약은 우주물체가 지상이나 항공기 등에 피해를 준 경우, 과실 여부와 무관하게 발사국이 절대적 책임을 지도록 한다. 피해자가 발사국의 과실을 입증할 필요가 없다는 말이다. 한편 우주공간 궤도에서 우주물체 간 충돌로 손해가 발생한 경우에는 과실이 있을 때만 책임을 지도록 한다. 지상과 달리 궤도에서의 충돌은 기술적 복잡성과 상호책임성 문제가 복합적으로 작용한다. 그렇기에 과실 입증이 필요하고, 이때 우주상황인식 데이터가 입증의 핵심 자료로 활용된다.

책임협약은 발사국의 피해보상 절차를 다루는데, 여기서 발사국이란 발사 주체 국가나 발사를 승인하거나 촉진한 국가, 발사체가 출발하는 지역을 제공한 국가가 될 수 있다. 만약 국제 공동 위성을 발사하는 경우라면 공동 발사국이 존재할 수 있다. 원칙은 그렇지만, 다국적 공동개발처럼 소프트웨어 개발과 운영에 관해서 누구에게 책임을 물어야 하는지 등 발사국의 정의가 불명확한 경우가 드러나고 있다. 인공우주물체의 궤도 정보를 포함하는 우주상황인식 데이터가 공개되지 않아서 과실을 입증하기 매우 어려운 경우도 있다. 특히 AI 기반의 자율운용이 증가할수록 궤도 조정의 과실 입증은 더욱 어려워진다. 방치된 우주 쓰레기로 발생하는 피해 역시 책임규정이 모호하고, 데이터 손실이나 서비스 중단까지 경제적 간접 피해가 확장되고 있어서 책임협약을 적용할 필요성이 거듭 증가하는 실정이다.

책임협약은 단순한 사고 처리용 규정이 아니다. 책임협약은 우주공간에서의 무책임한 경쟁과 파괴적 이용을 제한하는 가장 기본적이고 핵심적인 규범이다. 기술 변화를 비롯해 기업 주도로 변한 우주공간에서 공공적이고 지속 가능한 운영을 하려면 책임을 의무로 지워야 한다.

달 협정과 공동유산 원칙

최근 국제 우주법 체계에서는 달 협정을 중요하게 다룬다. 1969년 아폴로 11호의 달 착륙은 인류 과학기술의 성취인 동시에, 달이라는 천체의 소유권과 이용권을 질문하도록 했다. 달은 누구의 것인가? 달은 과학적 탐사의 대상인가? 경제적 자원의 원천인가? 아니면 인류 전체의 공동유산인가?

우주조약은 특정 주체의 소유권을 부정하고 공동유산 원칙을 담았지만, 위 질문에 답할 만한 구체적인 규제는 부재했다. 한계를 인지한 국제사회는 기존 우주조약을 기반으로 달 및 다른 천체의 이용을 구체적으로 규율할 달 협정을 새로이 마련했다. 달 협정은 달과 기타 천체에서의 활동을 포괄적으로 규제하고 있어서, 단순한 '탐사'가 아닌 '모든 이용 행위'에 관한 평화적 원칙을 담는다. 이 논의는 1969년 유인 달 착륙 성공 이후 1972년 COPUOS에서 처음으로 개시되었다.

달 협정 가운데 달 자원의 이용에 관한 규정은 자원의 소유 자체를 금지하지는 않지만, '공평한 이익 분배'를 전제로 하여 달 자원을 상업적으로 독점하지 못하도록 방지한다. 또한 달 환경을 훼손하거나 생태계를 파괴하는 행위를 금지하여 과학적 가치가 높은 지역을 보호구역으로 지정할 수 있도록 하면서 환경보호를 최초로 법제화했다.

그런데 2020년 이후 미국 주도로 추진된 아르테미스 협정이 달 자원의 이용을 인정하고 국제공유 원칙을 약화시키면서, 달 협정의 '공동유산' 모델과 '자유로운 상업 이용' 모델 간 충돌 구조가 발생했다. '인류 모두를 위한 달'을 표방하며 공정성과 환경보존을 강조하는 달 협정은 영향력이 제한적이다. 반면 '탐사의 자유'를 적극 보장하는 아르테미스 협정은 민간 상업 활동을 활성화하고 신속한 달 개척을 추진한다. 달 공간은 장기적 지속 가능성과 국제적 합의 부족의 위험을 안고 있는 셈이다.

현재 미 나사, 유럽우주국, 중국국가항천국 등 각국의 우주기관은 달 기지 구축을 목표로 우주현지자원활용 기술을 개발하고 있다. 그런데 우주에 적극적으로 진출하려는 우주 강대국들이 달 협정에 참여하지 않으면서 협정의 법적 구속력과 실효성이 문제가 되고 있다. 국가 차원을 넘어 상업적으로 달을 개발하려는 기업에도 적용 범위가 불명확하고 국제적 자원 관리 기구도 없어서 현실에서 달 협정은 무시되는 상황이다.

그래도 지속 가능성 관점에서는 달의 공동자산 개념을 정립하고 달 지형과 자원의 장기적 보존을 선언한다는 점에서, 또 개발도상국도 달 이용 과정에 참여할 수 있다는 원칙적 기반을 제공한다는 측면에서 긍정적이다. 앞으로 다중 국가 거버넌스가 강화되고, 민간 자원 채굴의 우주경제 시대가 강조된다면 달 협정은 윤리적·법적 기반에서 재해석되고 발전될 것이다.

21세기에 들어서는 민간기업과 대학연구소, 개인 발사체와 비영리단체, 다국적 컨소시엄까지 우주활동의 주체가 급속히 다양화되었다. 그러면서 국가와 비국가 행위자 사이 권리와 책무의 구분과 조정이 국제 우주법의 주요 이슈로 떠올랐다. 민간기업의 우주활동에서 국가의 주권과 책임은 어디까지인가? 민간기업은 우주활동에서 어떤 권리와 의무를 지니는가? 비국가 행위자의 남용이나 실수로 발생한 사고는 누가 책임지는가?

우주조약은 국가가 비국가 행위자의 활동을 '승인'하고 '지속적으로 감독'할 책임을 명시했다. 이를테면 민간기업인 스페이스X가 발사한 위성은 미국 발사물이므로 미국이 책임져야 한다. 비국가 행위자들은 자국 정부의 승인을 받으면 독립적으로 우주활동을 수행할 수 있고, 과학·상업·문화 목적으로 우주공간을 이용할 수 있다. 이때 비국가 행위자들은 미 연방항공국 Federal Aviation Administration; FAA, 미 연방통신위원회, 미 해양대기청 National Oceanic and Atmospheric Administraion; NOAA 을 거치는 등 국가 승인을 취득해야 할 의무를 갖는다. 또한 통신 주파수, 우주물체 같은 관련 정보를 등록하고, 국제법을 준수해야 한다.

정리하자면 민간 허가나 감독 절차를 국제적으로 표준화하고 상업적 활동의 환경 영향 평가를 제도화하는 일이 필요하다. 글로벌 우주상황인식 데이터 공유를 의무화할 실효성 있는 제도도 마련되어야 한다. 다극화된 우주시대에 자유로운 접근이 책임 없는 방종으로 변질된다면 우주환경은 급속히 파괴될 테고 지속 가능한 이용이 불가능해질 것이기 때문이다.

우주를 항해하는
미래 인류를 위한 안내서

**"상상력 없이
갈 수 있는 곳은 없다."**

우주 패러다임이 전환기를 맞고 있다.

　서유럽 나라들이 새로운 바닷길을 개척하며 온 세계로 뻗어나가던 대항해 시대를 빗대어 지금을 우주 대항해 시대라고도 한다. 지구에서의 대항해 시대는 신항로 개척 시대로, 유럽인들이 항해술을 발전시켜 아메리카로 향하는 항로, 혹은 아프리카를 돌아 인도와 동남아시아, 동아시아로 가는 항로를 발견하고 최초로 세계를 일주하면서 다양한 지리상 발견을 이룩한 시대를 말한다.

　600년 전 대항해 시대의 세계 역사는 미래 우주 대항해 시대를 상상할 수 있게 한다. 대항해 시대 전에는 지중해가 유럽의 무역 중심지였다. 지중해 무역에 잘 끼지 못하던 포르투갈과 에스파냐는 대항해 시대에는 가장 먼저 대서양으로 새로운 바닷길을 찾았다. 이후 네덜란드, 영국 같은 다른 서유럽의 후발국이 바닷길 개척에 뛰어들었다. 아메리카 대륙을 발견하고 엄청난 양의 금과 은이 오가면서 무역 중심지는 지중해에서 대서양으로 바뀌었다. 이 시대에 유럽과 신대륙은 정치·경제·사회·문화·민족·종교에서 역사적 대변혁을 맞이했다.

바다를 배경으로 한 대항해 역사는 이제 우주를 배경으로 일어나고 있다. 1957년 스푸트니크 발사 성공을 시작으로 1969년 아폴로 11호의 인류 최초 달 착륙, 1996년 마스 글로벌 서베이어와 마스 패스파인더의 화성 탐사 활동, 1977년에 발사된 보이저 1호의 47년 동안의 태양계 밖 성간 우주 여행 등, 우주탐사에 새로운 역사가 쓰였다. 1969년에 시작된 아폴로 계획의 유인 달 착륙은 2017년 아르테미스 계획으로 재개되었다. 일론 머스크의 화성 이주 프로젝트의 꿈은 콜럼버스의 대서양 횡단과 마젤란의 세계일주처럼 목숨을 걸고 망망대해를 항해하던 개척의 시대와 닮아 있다. 이제 대륙 대신 달과 화성을, 향신료 대신 자원과 거주권을 향해 나아간다는 정도의 차이가 있을 뿐이다. 21세기의 우주 개척 시대는 우주탐사선 개발을 지나 궤도정거장과 월면기지, 화성 도시 건설을 목표로 하며 점차 확장하고 있다.

대항해 시대에 새로운 대륙으로 활동 영역을 확장한 것처럼, 우주 대항해 시대에도 지구 저궤도에서 정지궤도로, 달 궤도를 넘어 화성과 소행성까지 인류의 활동 영역은 지구 밖 우주로 확장되고 있다. 이제는 소행성에서 자원을 탐사하는 것을 넘어 목성 위성에서 생명체를 탐색하고 있고, 태양계 끝까지 탐사 범위를 확장하고 있다. 탐사뿐만 아니라 우주 무역을 위한 궤도기지와 수송·무역망도 구축하고 있고, 물자와 연료, 정보를 바탕으로 디지털 우주 교역 시스템도 만들어가고 있다.

그러나 우주 대항해 시대는 단순히 지구의 삶이 우주로 확장되는 것만을 말하지 않는다. 우주는 생각보다 훨씬 빠르게 우리 삶 속으로 들어오고 있다. 1903년 라이트 형제가 중력을 이기고 처음으로 하늘을 날고 1957년 구소련이 스푸트니크 인공위성을 우주로 보낸 뒤, 문명권은 지구 기반에서 태양계 기반으로 확장되었고, 이제는 '지구인'에서 '우주인'으로의 신분 전환과 함께 우주 시민권·우주 거주권·우주 출생권 같은 새로운 권리 체계를 필요로 하고 있다. 다중행성 사고 훈련과 우주 인류학·우주 철학·우주 문학을 통합하는 우주 시민 교육도 필요한 시점이다.

이제 우주는 항공우주학, 천문학, 우주과학을 전공한 과학자들만의 영역이 아니다. 우주는 인류가 당면한 지구환경과 에너지 문제를 해결할 가능성으로, 미래 지속 가능성과 같은 글로벌 이슈와 다행성 종족으로서 인류의 진화가 펼쳐질 중심지로, 자원 탐사와 이주가 이루어질 행성으로 인식되어야 한다. 잠재력과 한계를 뛰어넘는 문제들도 인식해야 한다. 앞으로는 다양한 전공과 분야의 사람들이 우주에서 자신의 꿈을 펼치고 전문성을 발휘하는 시대가 될 것이다.

앞으로 50년, 100년 후에는 어떤 일들이 벌어질까? 우리의 시야를 우주로 넓혀야 한다. 그리고 미래를 대비하면서 살아가야 한다. 인간은 반드시 우주에 간다. 갈 수 있고 가야만 한다. 우리가 스스로 미래를 지구에 가두고 우주를 상상조차 하지 않는다면, 그 결과가 어떨지는 역사의 교훈이 보여준다. 지금 우리가 해야 하는 일은 상상력을 극대화하여 더 나은 미래를 현실로 만들어가는 일이다. 지금 우주에 관한 글로벌 이슈들은 우리에게 모두 기회가 될 수 있다. 우주 대항해 시대에 우주를 바라보는 새로운 시각을 갖고 우주를 향한 꿈과 도전에 함께하기를 바란다.

미국의 천문학자이자 《코스모스》의 저자 칼 세이건 Carl Edward Sagan 은 상상력의 중요성을 강조했다. "상상력은 종종 우리를 과거에는 결코 없던 새로운 세계로 인도한다. 하지만 상상력 없이 갈 수 있는 곳은 없다." 우주를 상상하기를 멈추지 말아야 한다.

남아 있는 문제들

: 2030년까지 우리에게 필요한 노력들

지구 궤도에 있는 인공위성은 우리 생활을 뒷받침한다. 우주과학·지구 관측·기상학·통신·항법 등 일상 속 다양한 분야에 사용된다.

시간이 지날수록 인공위성과 우주 쓰레기는 꾸준히 증가하면서 운용 중인 인공위성에 위험을 증가시킨다. 그러면서 유럽과 여러 국가에서 우주 안전과 지속 가능성을 증진시켜야 한다는 공감대가 생겼다. 이제 행동해야 할 때라는 데 동의한 것이다. 그렇다면 우주 쓰레기는 어느 정도까지 허용될까? 이상적으로는 '제로'다.

2023년 11월, 유럽우주국은 회원국들에 2030년까지 우주 쓰레기 발생을 중단할 것을 촉구하는 '우주 쓰레기 제로 헌장'을 확정하고 발표했다. 지구 궤도가 이미 돌이킬 수 없는 지점에 도달하면서, 인공위성 발사를 완전히 중단하더라도 우주 쓰레기는 계속 증가할 것이라는 데서 비롯한 접근 방식이다. 따라서 우주 쓰레기 문제를 완화할 신속한 조치를 취해야 한다는 것이다. 이 헌장은 2030년까지 우주 쓰레기를 제로로 만들 권장사항을 여덟 가지 제시하는데, 구속력은 없지만 우주 부문 전반에 국제적 파급력을 미치고 있다.

유럽우주국의 우주 쓰레기 제로 헌장은 다음과 같은 내용을 포함한다. 우선, 우주물체의 안전한 폐기를 보장한다. 그리고 불필요한 물체가 궤도에 머무는 시간을 단축한다. 지구 궤도에서 우주 쓰레기 혼잡 문제를 해결하는 가장 효과적인 방법은 인공위성이 사용이 종료된 이후 궤도에 머무는 시간을 최대한 줄이는 것이다. 저궤도에 쏘아 올린 위성을 25년 내로 퇴역시키고 회수하도록 하는 현재의 '25년 규칙'을 더 엄격하게 적용하여 5년 내 임무를 종료시키고 궤도 영역에서 정리하도록 선언했다.

로켓의 페어링이나 인공위성 카메라 덮개, 임무 수행용 도구를 의도적으로 방출하는 것도 중단하도록 권고한다. 우주 쓰레기를 지구 대기권으로 재진입시켜서 처리할 때 지상에 사상자가 발생하지 않도록 하는 설계도 필요하고, 이를 위해 지상 사상자 위험평가도 개선해야 한다. 더하여 우주 쓰레기를 관측할 때는 광학망원경과 전자광학 시스템을 사용하는데, 이때 장비가 받는 영향을 최소화하기 위해 어둡고 조용한 하늘을 보장해야 한다. 그리고 이러한 우주 쓰레기 완화 조치를 저궤도에서 항법위성이 자리하는 중고궤도와 달 궤도까지 확장하여 적용한다.

유럽우주국은 이미 우주 쓰레기 제로 접근 방법을 2023년 11월부터 우주 쓰레기 저감 정책과 기술 요구사항으로 반영했다. 유럽우주국의 모든 임무 가운데 지구 저궤도 임무에서의 누적 충돌 확률을 수명 종료 후에도 1,000분의 1 미만으로 유지하고, 충돌회피의 정확성과 효율성을 높여서 운용 중인 인공위성의 궤도 내 충돌을 방지하도록 했다.

대형 군집위성에는 파편이나 미세유성체와의 충돌을 포함해 위험을 좀 더 엄격하게 관리하도록 한다. 고도 375킬로미터 미만의 폐기 궤도를 운영하여 임무의 위험도에 따라 더 빨리, 안전하게 폐기를 진행하도록 권고한다. 이때 성공적인 폐기 확률을 90퍼센트 이상으로 끌어올리고자 하며, 임무 운영 중은 물론 완료 후에도 궤도에서의 충돌을 방지하기 위해 노력해야 한다고 선언한다. 더불어 수명이 다한 인공위성의 처리, 궤도 내 서비스 및 능동적 우주 쓰레기 제거를 위한 획기적인 기술 개발을 준비하고 있다.

유럽우주국은 충돌회피 기능을 가진 실행 가능한 우주교통관리 서비스를 제공하고, 잘 유지·관리되는 데이터 목록에 접근을 허용하면서 우주 쓰레기 완화 조치를 시작했다. 단계적으로 이러한 요구 사항들이 잘 실행되는지도 검토하면서, 2030년 이후에는 모든 유럽우주국 임무에 우주 쓰레기 제로 정책을 적용할 계획이다. 무한히 넓고 광활한 듯한 지구 궤도에도 용량 제한이 있다. 우주 쓰레기 제로 정책은 더 많은 우주활동을 보장하는 동시에 환경 제약을 줄여줄 것이다. 유럽우주국은 이러한 정책을 조기에 실행하면 오히려 우주산업에서 경쟁적 우위를 점할 수 있다고 내다본 셈이다.

결국 우주 쓰레기 제로 헌장은 유럽을 지구와 우주의 지속 가능성 최전선에 두는 동시에 산업 경쟁력을 유지하겠다는 선언과도 같다. 유럽우주국의 우주 쓰레기 제로 헌장에 가장 먼저 서명한 유한책임회사GmbH HPS의 CEO 에른스트 K. 파이퍼Ernst K. Pfeiffer는 다음과 같이 말했다. "오늘날 우주는 우리의 미래를 형성할 새로운 기술을 구현하는 가장 중요한 자원으로 빠르게 발전하고 있다. 따라서 우주를 보존하려는 모든 노력은 인류의 근본적인 삶의 조건과 다음 세대의 번영을 보존하려는 노력이다."

지난 20년 동안 지구 저궤도에서 우주 쓰레기와 충돌하는 사고는 연평균 열두 건이었다. 우주 쓰레기와의 충돌 문제는 전 세계적

이슈이며, 국제우주정거장뿐만 아니라 우리나라 아리랑위성 3호와 5호도 우주 쓰레기와의 충돌을 피하기 위해 고도를 조정했다. 특히 다 쓰고 버려진 인공위성과 방치된 우주 쓰레기의 지구 추락으로 인한 지상 피해가 점점 증가하고 있다.

국제사회는 우주 쓰레기 감축 가이드라인이나 우주 쓰레기 제로 헌장 같이 법적 구속력은 없더라도, 무분별하고 무책임한 우주공간 오염을 지금부터라도 막으려는 노력을 다양하게 펼치고 있다. 우주산업과 개발을 저해한다는 이유로 아직은 법적 구속력을 가진 합의에 이르지는 못했지만, 우주 선진국들이 각자 자국의 국내법으로 제정하거나 우주 관련 정책으로 실천하려는 의지를 보이고 있다.

반면 우리나라는 아직 우주 쓰레기의 위험에 큰 관심이 없다. 우주개발 추격 국가로서 누리호 같은 우주발사체를 성공시키고, 인공위성 개발과 운영, 위성 영상 처리와 같은 당장 성과가 보이는 우주개발에 예산을 투입하고 노력을 쏟는 것이 현실이다. 그러나 앞으로 우주개발과 우주산업을 발전시키고 싶다면 우주 쓰레기의 위험과 우주환경의 전반적인 지속 가능성을 절대로 간과해서는 안 된다.

이제 우주는 공유자원으로, 지구 궤도는 지구의 물과 에너지 같은 제한된 천연자원으로 여겨진다. 이제 우리도 우주를 책임감 있고 지속 가능하게 사용하는 데 필요한 기술을 개발하고, 현재와 미래세대를 위해 우주 환경을 지킬 국제적 해법을 함께 찾아나가야 한다.

Off the Record

우주위험감시센터에서 북한 만리경을 바라본 뒷이야기

**총성이 아닌 경보음으로
시작하는 전쟁**

대중문화가 우주 전쟁을 그리는 방식은 화려하고 다양하다. 레이저 포화, 초광속전투기, 행성을 가르는 초무기가 등장하는 모든 장면이 우리 상상력을 자극한다. 그러나 현실의 우주 전쟁은 다르다. 더 조용하고, 더 끈질기며, 훨씬 더 집요하다. 인공위성에 조용히 다가가 정보를 훔치거나 궤도 환경을 혼잡하게 만들어 상대 위성이 근접하지 못하도록 하는 것은 물론, 재밍이나 스푸핑으로 항법을 비틀어놓는 경우도 있다. 심지어 눈에 드러나지 않던 파편은 조용히 우주를 유영하며 위성을 겨냥한다.

　통신·항법·정찰·기상·금융 네트워크 등 지상 인프라의 70퍼센트 이상이 위성망을 경유한다. 우리 생활은 절대적으로 우주에 의존한다. 궤도 위를 도는 위성은 움직임이 예측 가능하기 때문에 방어 수단에 제약이 있다. 그래서 취약성을 지닐 수밖에 없는데, 대부분의 공격이 전자·사이버 영역에서 이루어지기 때문에 비가시적이고 추적이 어렵기까지 하다. 그래서 우주 전쟁의 첫 번째 교전 규칙은 '먼저 본 자가 이긴다'이다. 즉, 현재 우주 전쟁은 '보는 능력'을 구축하기 위한 국가 간 경쟁으로 요약된다. 우주상황인식·우주영역인식 인프라 경쟁이 가중되는 이유다.

한국천문연구원 우주물체감시실의 대형 스크린에는 추락 위험이 있는 우주물체 후보군들과 우리나라 위성에 근접하는 우주물체들, 현재 우리나라에서 운용하는 인공위성들의 이동 궤적이 미세한 점으로 표시된다. 우주 전쟁의 핵심요소는 이 스크린 위 정보의 신뢰도와 정확도이다. 내가 속한 우주위험감시센터는 그러한 정보를 생성하고 리드타임 lead time*을 줄이는 임무를 맡는다.

스크린에 표시되는 현란한 궤적과 그래픽 정보를 보다 보면, 우주가 무척 화려한 공간처럼 느껴진다. 그러나 우주 전쟁은 총성이 아닌 경보음으로 시작한다. 가장 고요한 순간은 경보가 울린 후다. 알고리즘이 수치를 내면 인간은 결정을 내린다. 우주물체 가운데 1톤이 넘고 위험물질이 포함된 물체가 우리나라에 떨어질 위험이 있다면, '관심우주물체'로 표시해서 예상 궤적을 상세히 모니터링하도록

---

* 우주위험 리드타임이란, 우주공간에서 발생할 수 있는 추락과 충돌 위험을 사전에 예측하고 대비하는 전 과정에 소요되는 시간을 의미한다. 잠재적 위험 요소 탐지부터 궤도 추적과 결정까지 포괄하는 시간 개념이다.

우주위험대책본부에 알려준다. 또 현재 운용 중인 우리나라 인공위성에 우주물체가 근접하여 충돌 확률이 1만분의 1로 높아지는 경우 회피기동을 할지 결정을 내리도록 모니터링하는 일도 맡는다.

우주물체의 추락과 충돌 위험이 임계치를 넘으면, 바로 비상 연락망이 가동된다. 우주항공청은 물론 관련 부처, 필요하다면 국제협력 채널까지 정보를 공유한다. 공유 원칙은 단순하다. 필요한 만큼, 가능한 한 빨리, 추적 가능한 기록으로 전달한다.

결국 우주위험감시센터는 경보음을 가능한 한 일찍 울리게 하고, 정확한 정보를 알려주는 것을 목표로 한다. 경보음이 너무 늦게 울리거나, 동시에 너무 자주 울리지 않도록 정보를 세심히 다뤄야 한다. '거짓 양성'은 신뢰를 갉아먹고 '거짓 음성'은 현장을 무너뜨린다. 따라서 균형의 기술이 필요하다.

그러나 현실은 그렇게 단순하거나 녹록지 않다. 하루에도 수십 건의 관측치가 들어온다. 이 정보로 궤도를 결정하고 우주물체의 추락과 충돌 위험을 예측하지만, 불확실성이 기본 상수이고 우리는 늘 그 불확실성 위를 걷는다. 가장 큰 이유는 관측 장비에 따라 얼마나 멀리, 얼마나 작은 물체까지 탐지할 수 있는지 추적 범위가 달라지기 때문이다.

관측만 잘한다고 끝이 아니다. 관측 데이터는 다양한 섭동력을 고려하여 복잡하게 분석해야 우주물체의 현재와 미래를 이해할 수 있다. 현실의 우주 위험 감시는 현란한 그래픽으로 표상되는 이미지가 아니다. 치열하고 세심하게 정보를 다루는 과정 그 자체가 우주 위험 감시다.

아무것도 하지 않는 것이 최선일 때도 있다. 데이터의 불확실성과 오차의 범위가 때로는 우리를 속이기 때문이다. 그래서 우주위험감시센터는 여러 분석을 비교하고 검증하는 절차를 반복한다. 가끔 결정을 내려야 하는 정보를 마주할 때는 심장이 떨린다. 그 순간만큼은 작은 점 하나가 단순한 수치를 가리키지 않기 때문이다. 그것은 눈에 보이지는 않지만, 어쩌면 우주 전쟁의 서막을 알리는 가장 첨예한 칼끝이다. 그래서 정보를 다루고 전달할 때 메일의 단어 하나, 보고서의 문장 하나에 힘을 쏟는다. 우주 전쟁은 〈스타워즈〉의 장엄한 서사가 아니다. 대신 우리는 매일 작은 결정을 쌓아나가면서 우주 전쟁을 막는다.

...

2023년 11월 21일, 북한은 서해위성발사장에서 천리마 1호에 첫 정찰위성 만리경 1호를 탑재하여 발사하는 데 성공했다고 발표했다. 2023년 5월과 8월에 만리경 1호의 발사를 시도했다가 실패한 후, 러시아의 기술적 자문과 협력을 받고 세 번 만의 성공이었다.

북한은 발사 성공 후 한국과 미국의 주요 군사시설을 촬영했다며 자국을 군사정찰위성 보유국이라고 발표했다. 북한의 관측위성은 중량 300킬로그램, 해상도 1미터급의 광학위성으로 추정되었다. 현재 우리나라도 30센티미터급의 고성능 광학위성을 보유하고 있기 때문에 성능 면에서는 비교할 필요가 없었지만, 북한의 우주기술력을 판별해야 했다.

우주위험감시센터에서는 지상의 아울넷 망원경으로 고도 500킬로미터 근처에서 지구를 하루에 열다섯 바퀴 도는 위성을 추적·관측하고, 공개된 정보들을 모아 궤도 변화를 분석했다. 발사 직후 위성의 정상 작동 여부를 외부에서 판별하기란 어렵다. 하지만 관측으로 궤도 변화를 확인할 수는 있다.

궤도 분석 모니터링 결과 발표는 2024년 2월 29일에 이루어졌다. 관측 결과는 다음과 같았다. 북한의 만리경 1호는 위성의 추력기를 작동시켜 궤도 조정을 수행하고 있었다. 한 번에 고도를 2킬로미터씩 높이면서, 수차례에 걸쳐 고도를 일정하게 유지했다.

당시 국방부에서 만리경이 작동한 정황이 없다고 발표한 직후였던지라, 여러 차례 교차 검증하는 과정을 거쳐야만 했다. 결론은 궤도 조정이 분명했다. 이는 북한의 정찰위성이 적어도 궤도 위에서 생존하고 있고, 북한이 위성을 운용할 최소한의 능력을 보유하고 있다는 사실을 확인할 수 있는 지표였다. 물론 정찰위성으로서 영상의 확보와 해상도가 어느 정도인지 임무 효과는 알 수 없다.

이처럼 우주전은 거대한 파괴가 아니라 작은 속도증분에서 시작된다. 우주위험감시센터에서는 그 미세한 변화를 찾아낸다. 정치가 아닌 기술 데이터로 말하는 것이다.

이후 해외의 여러 과학자가 궤도를 분석한 자료들이 언론에 공개되었다. 북한은 발사 직후 백악관과 펜타곤을 촬영했다고 주장했지만, 외부 평가는 회의적이었다. 그러나 능력 보유 자체는 확인할 수 있었고, 우주 위험 감시 측면에서 다른 위성의 운용 여부를 파악하는 우주상황인식의 중요성이 다시 한번 드러났다.

우주위험감시센터는 여전히 만리경을 추적하고 있다.

에필로그

속도보다 방향,
독점보다 협력을 꿈꾸며

"우주는 우리가 생각하는 것보다 가깝다 Space. It's closer than you think."
이 문구는 호주 시드니에서 개최된 제76회 국제우주대회 축제를 알리는 문구였다. 국제우주대회는 90개국 이상에서 8,000명 넘는 우주인, 과학자, 공학자, 우주 분야 리더들이 한자리에 모이는 행사다.

이번 대회의 주요 주제는 '지속 가능한 우주: 회복력 있는 지구'였다. 우주 혁신과 지속 가능성 사이의 필수적인 연관성을 탐구하며, 지구를 위한 우주 기반 응용·지속 가능한 우주 활동·지구 너머의 생명 지속이라는 세 가지 핵심 영역에 초점을 맞췄다. 우주 기술과 연구가 발전하는 가운데, 미래 탐험가를 위해 우주를 보존하고 우주 탐사의 이점을 모든 인류에게 전달하는 책임감 있고 공평하며 미래 지향적인 접근 방식을 강조했다.

시드니로 출발하기 이틀 전, 한국천문연구원에서는 "뉴 스페이스 시대, 우주 기반의 우주 위험 감시와 AI 융합의 새로운 도약"이라는 주제로 국가 우주 위험 대응과 우주상황인식 역량 발전 방향에 관한 토론회를 열었다. 이 자리는 한국천문연구원이 〈우주개발진흥법〉과 〈우주위험대비기본계획〉에 따라 2015년 1월 우주환경 감시기관으로 지정된 이후 10주년을 맞이한 것을 기념하고자, 또 2026년부터 추진할 국가 우주상황인식 시스템Korean Space Situational Awareness; K-SSA 개발을 소개하고자 마련되었다.

K-SSA 개발 사업은 우주상황인식과 우주교통관리, 우주영역인식을 통합한 한국형 우주감시 인프라 구축에 기반이 되는 연구다. 인류가 우주를 활용하는 방법이 빠르게 변화할수록, 인류의 활동 공간이 넓어질수록 우주활동이 미래 우리 사회에 미치는 영향은 더욱 커질 것이다. 그러니 이 시기에는 방향 설정과 역할 정립이 어느 때보다 중요하다. 그런 의미에서 K-SSA는 매우 도전적인 목표를 설정했다. 우주 기반 우주감시위성을 개발하여 지상 기반 광학망원경과 레이더 감시 인프라의 한계를 극복하고, AI 기반 분석 및 예측 시스템으로 데이터 기반의 예측 정확도를 향상시키며, 독자적인 우주 위험 대응이 가능하도록 운용 의사결정을 지원하는 등, 지금까지 시도된 적 없는 방식으로 미래 트렌드와 장기 비전을 세웠기 때문이다. 우주는 도전과 맞닿아 있다.

· · ·

2020년 10월 대한민국 첫 우주 미디어로 〈코스모스 타임즈〉가 창간되었다. '인류의 공유자산인 우주'에 관해 생생한 우주 이야기를 전하고자 각계각층의 전문가들이 합류해서 칼럼과 뉴스를 연재했다. 〈코스모스 타임즈〉는 소개 페이지에 이렇게 쓰고 있다. "우주는 누구의 것인가?" 자신들은 이 단순한 질문에서 출발했다고 말이다. 창간 축하 인사를 부탁하기 위해 편집인과 피디가 나를 찾아왔다.

책을 쓰고 나서 좋은 점은 내가 하고 있는 연구 분야를 좀 더 쉽게 전달할 수 있다는 것과 책을 매개로 다양한 분야의 사람들과 접한다는 것이다. 강연이나 방송을 요청하는 곳은 많았지만, 우주를 주제로 전문 미디어를 준비하고 있다니 신기하기도 했고, 각 분야를 대표하는 최고 전문가들 사이에 합류한다니 기대도 됐다. 〈코스모스 타임즈〉는 법, 공동체, 질서, 건축, 투자, 미술, 엔터테인먼트, 철학, 경제, 환경까지 다양한 분야에서의 우주를 다룬다. 우주가 이렇게나 확장될 수 있구나 싶었다. 나는 우주를 연구하는 사람으로서 우주가 여러 분야까지 확장될 것이며, 또 실생활에 없어서는 안 될 분야가 될 것이라고 생각해왔는데, 이 예측이 실제로 어떻게 반영되는지를 지켜보며 궁금증을 해소할 수 있었다. 이미 우주는 과학과 공학 외 분야에 스며들고 있었다. 직접적인 연관이 없어 보이는 분야에서의 우주 접근은, 진정한 우주시대가 열리고 있다는 것을 실감하게 해주었다.

2022년 10월에 시작하여 그다음 해 5월에 막을 내린 대한민국 첫 우주 아카데미 '코스모스 클래스COSMOS CLASS'에는 코오롱 이웅열, 신세계 정유경, 삼성 김재열 등 대한민국을 대표하는 대기업 오너와 전문경영인, 경제계 인사들과 글로벌기업 임원들이 참여했다. 우주 인문학이나 우주경제, 우주 거버넌스와 우주 콘텐츠가 요즘 글로벌 혁신가들에게도 최대 관심사이기 때문일 터다. 그뿐만 아니라 노화의 비밀, 암 정복, 식량 위기 등 대부분의 문제를 풀 수 있는 열쇠가 우주에 있다고 생각한다는 뜻이기도 하다. 여담이지만, 미국 증권가에서는 조만장자가 우주산업에서 나올 가능성이 크다는 분석을 내놓기도 했다. 우주에서 새로운 자원이 개발되고, 그 자원을 누군가가 독점하거나 활용하게 된다면 지구 경제 규모의 몇 배 혹은 몇십 배까지 폭발적으로 성장할 것이기 때문이다.

'조만장자를 꿈꾸며' 세계 최고 부자들은 왜 우주개발에 투자할까? 왜 리더들은 우주에 관해 배우려고 할까? 제1기 코스모스 아카데미 강연에 참여하면서 나는 우주에 어떻게 접근할 것인지, 지속 가능한 평화로운 우주를 위해 우리가 무엇을 해야 하는지를 이야기했다. 부의 증식만큼 불평등과 충돌의 연속이던 역사 속 대항해 시대가 지금의 우주시대와 닮아 있기 때문이다.

오늘날 우주에서 같은 실수를 되풀이하지 않으려면 무엇이 필요할까? 우리에게는 우주 기술뿐만 아니라 거버넌스가 필요하다. '먼저 차지한 자의 권력'을 '먼저 잘 운영하는 자의 책임과 보상'으로 바꾸는 규칙, 즉 상호운용을 충족한 운영자에게 인센티브가 돌아가는 제도가 우주라는 신대륙을 약탈의 무대가 아닌 공존의 인프라로 만들 것이다.

　우주 패러다임 전환은 선언이 아니라 현장의 수많은 선택이 모여 만들어진다. 우주 불평등은 추상적인 도덕 문제가 아니다. 우주발사체·인공위성·지상국·데이터로 이어지는 가치사슬 어디에서든, 자본과 기술의 불균형, 규칙 적용의 기울어짐은 즉시 성능과 안전의 격차로 나타난다. 같은 맥락에서 우주 정의는 단순한 규범 문제가 아니다. 그것은 우주가 누구의 것이며, 우리는 그 공간에서 어떤 인간이 될 것인가에 관한 질문이다. 우주 대항해 시대, 패러다임 전환이 필요하다.

　지금 우리는 선택의 기로에 서 있다. 소수의 기업과 국가가 지배하는 우주인가? 인류 전체가 평등하게 꿈을 펼치는 우주인가? 우주 정의는 우리 모두를 위한 정의이며, 미래세대를 위한 선택이다. 속도보다 방향을, 소유보다 상호운용을, 독점보다 신뢰를, 그리고 안주하기보다 도전하는 쪽을 선택해야 한다. 불평등을 지나 인류 공동의 미래로 나아가는 길은 거창한 선언이 아니라 바로 지금의 도전에서 시작된다. 작은 시도들이 모일 때, 지배와 독점에서 벗어나 모두 함께 우주를 항해하는 공동의 미래가 만들어질 것이라 믿는다. 그러므로 나는 이상적인 우주 대항해 시대를 오늘도 꿈꾼다.

참고자료

사이트

스페이스닷컴 달 시간 체계 뉴스 https://www.space.com/astronomy/moon/what-time-is-it-on-the-moon-us-house-space-committee-wants-a-standard-lunar-clock

스페이스뉴스 ISAM 기술 뉴스 https://spacenews.com/next-chapter-in-space-defense-satellites-that-never-stop-moving/

우주환경감시기관 http://www.nssao.or.kr

우주항공청 http://www.kasa.go.kr

유럽우주국 우주안보 프로그램 뉴스 https://www.esa.int/Space_Safety/Space_Safety_Programme_at_2025_Ministerial_Council

보고서 및 논문

우주항공청 누리집(2024), 〈제2차 우주위험대비기본계획('24~'33)〉.

우주항공청 누리집(2024), 〈우주항공청의 설치 및 운영에 관한 특별법〉.

우주항공청 누리집(2024), 〈우주항공 5대 강국 입국을 위한 우주항공청 정책 방향〉.

한국천문연구원(2025), 〈국가 우주상황인식시스템(K-SSA) 개발 사업 기획보고서〉.

한국천문연구원(2021), 〈우주활동 확장시대: 미래 우리의 역할은?〉,《KISTEP 미래예측 브리프》2021-1.

강명원(2022), 〈프랑스의 우주폐기물 감축 입법례〉,《최신외국입법정보》, 2022-17호, 제208호.

김광해(2023), 〈상업용 우주발사체 발사허가 제도 현황 및 동향 분석〉,《항공우주산업기술동향》, 21권 1호, pp20~31.

김상윤, 황호원(2024), 〈우주교통관리(STM)의 국제표준 수립을 위한 탐색적 연구〉,《항공우주정책·법학회지》, Vol.39, No.1, pp59~90.

김시은(2020), 〈우주상황인식(SSA)의 가변성-SS, SSA(+STM), SDA〉,《우주정책연구》, Vol.3, pp76~83.

김은정(2014), 〈미국 정부 및 NASA의 우주산업 정책 현황〉,《항공우주산업기술동향》, 12권 1호, pp68~78.

김종범(2024), 〈우주교통관리 주요국 기술 및 정책 동향〉, 《항공우주산업기술동향》, 22권 1호, pp40~46.

김한택(2023), 〈아르테미스 약정의 우주법적 의미에 관한 연구〉, 《항공우주정책・법학회지》, Vol.38, No.1, pp77-110.

김한택(2024), 〈우주의 상업화와 우주자원채굴에 관한 우주법〉, 《국제법무연구》, 1, 28-56

김한택(2024), 〈우주의 상업화와 우주자원채굴에 관한 우주법〉, 《국제법무연구》, 162호, pp28-57.

김호식(2018), 〈미국 "우주군 창설"의 전략적 함의〉, 《한국항공우주학회 2018 추계학술대회》, pp527-258.

남기원(2023), 〈우주 상황 인식 및 우주 교통 관리: 개요 및 국제 동향〉, 《항공우주산업기술동향》 21권 2호, pp23~30.

박상우, 윤지원(2023), 〈글로벌 우주영역인식에 대한 패러다임 전환과 한국군의 국방 우주력 발전 과제에 대한 고찰〉, 《한국과 국제사회》 제7권 5호.

박상중(2023), 〈국방 우주 안보체계 발전〉, 《우주정책연구》 Vol.7, pp30~61.

송은정, 박창수, 조상범(2024), 〈미식별 유인 우주 물체가 한국형발사체 발사 윈도우에 미치는 영향 분석〉, 《항공우주산업기술동향》, 22권 1호, pp124~133.

송태은(2023), 〈우주자산의 군사적 역할과 미국의 우주전략: 한국에의 함의〉, 《주요국제문제분석》, 2023-17, 국립외교원 외교안보연구소.

신상우(2019), 〈우주와 지속가능성(Sustainability)〉, 《우주정책연구》, Vol.1, pp58~69.

신성호(2020), 〈21세기 미국과 중국의 우주개발: 지구를 넘어 우주 패권 경쟁으로〉, 《국제・지역연구》, 29권 2호, pp65-90.

유준구(2020), 〈우주안보 환경 변화에 따른 우주안보 제도화의 현안과 과제〉, 《정책연구시리즈》, 2020-11, 국립외교원 외교안보연구소.

윤나영(2023), 〈우주자원 관련 국제법 동향〉, 《우주정책연구》 Vol.8, pp8~24.

윤나영(2024), 〈UN COPUOS에서 논의 중인 우주 자원의 주요 논점 분석〉, 《우주 정책 연구》 Vol.9, pp40~52, 한국항공우주연구원.

윤용식, 임종민, 은희광(2024), 세계 달・화성 탐사 계획 현황, 《항공우주산업기술동향》, 22권 1호, pp22~31.

윤용식, 최정수, 김형완, 〈NEO 우주탐사의 기술동향〉, 《항공우주산업기술동향》, 9권 1호, pp102~109.

이명신 외 6인(2023), 〈국외 우주보안 관리체계 및 기술 동향〉, 《항공우주산업기술동향》, 2권 2호, pp141~149.

이성훈(2023), 〈우주자산 위협 양상과 주변국의 대응 정책 및 시사점〉, 《INSS 전략보고》, No.228, 국가안보전략연구원.

이승주(2019), 〈우주 공간 국제 정치의 새로운 동학: 중국의 '우주 굴기'와 미중 경쟁〉, 《우주정책연구》, Vol.1, pp10~19.

이준(2019), 〈우주교통관리의 내용 및 전망〉, 《우주정책연구》, Vol.1, pp36~43.

이준(2020), 〈우주의 군사적 이용과 향후 과제〉, 《우주정책연구》, Vol.3, pp30~37.

이효영, 유일상, 임창영(2023), 〈발사 서비스 위험 담보 관련 우주보험 동향 및 사례〉, 《항공우주산업기술동향》, 21권 2호, pp13~22.

임종빈(2022), 〈우주안보 개념의 확장과 국방우주 중요성 증대 시대의 우리의 대응자세〉, 《SPREC Insight》, Vol.02, 국가우주정책연구센터.

임채홍(2011), 〈'우주안보'의 국제조약에 대한 역사적 고찰〉, 《국방부군사편찬연구소》, No.80, pp.259-294.

정옥철(2022), 〈우주상황인식 및 우주교통관제 기술 동향〉, 《항공우주매거진》, 제16권 2호, pp45-55.

정재호(2022), 〈뉴스페이스 시대의 국내 우주산업 발전 방향〉, 《월간 KIET 산업경제》, pp77-88.

정헌주(2021), 〈미국과 중국의 우주 경쟁과 우주안보딜레마〉, 《국방정책연구》, 37-1, 131호 pp9-40, 한국국방연구원.

㈜레이다앤스페이스(2020), 〈국가 우주상황인식(SSA) 체계 구축 방안 연구 최종보고서〉, 한국연구재단.

최남미(2023), 〈미국의 우주상업화 정책 및 NASA의 공공-민간 파트너십〉, 《항공우주산업기술동향》, 21권 2호, pp42~50.

최남미, 김은정(2024), 〈우주분야 민군 협력 사례 연구: 유럽 국가를 중심으로〉, 《항공우주산업기술동향》, 22권 1호, pp59~67.

최남미, 정서영(2023), 〈한국의 아르테미스 약정 가입의 의의와 향후 과제〉, 《항공우주산업기술동향》, 21권 1호, pp41~49.

황진영(2021), 〈우주안보의 개념과 국제사회의 대응〉, 《우주정책연구》, Vol.4, pp46~60.

The ARTEMEIS ACCORDS(2020), Principles for cooperation in the civil exploration and use of the Moon, Mars, Comets, and Asteroids for peaceful purpose.

ESA ESOC(2025), ESA's Annual Space Environment Report.

European Space Policy Institute(2023), Space Safety and Sustainability Momentum, Four considerations for future policy-making.

European Space Policy Institute, Springer International Publishing(2020), On-Orbit Servicing: Next Generation of Space Activities.

European Space Policy Institute, Springer International Publishing(2018), Space Security and Legal Aspects of Active Debris Removal.

Federal Aviation Administration(2021), Report to Congress: Risk Associated with Reentry Disposal of Satellites from Proposed Large Constellations in Low Earth Orbit.

International Space Safety Foundation(2021), Making Space Safe and Sustainable, Presentation to Paris Peace Forum.

NASA Headquarters(2024), NASA's Space Sustainability Strategy.

The National Academies Press(2016), National Security Space Defense and Protection, A report of the National Academies of SciencesEngineeringMedicine.

National Science & Technology Council(2022), In-Space Servicing, Assembly, and Manufacturing National Strategy.

National Science & Technology Council(2022), National Orbital Debris Implementation Plan.

OECD Publishing(2022), Earth's Orbits at Risk: The Economics of Space Sustainability.

Office of Space Commerce(2024), Traffic Coordination System for Space (TraCSS) SmallSat 2024.

Secure World Foundation(2025), Global counterspace Capabilities, An Open Source Assessment.

Space Training and Readiness Command(STARCOM)(2023), Space Doctrine Publication(SDP) 3-100, Space Domain Awareness doctrine for space forces.

UN COPUOS STSC(2023), International Lunar Research Station(ILRS).

US Government Accountability Office(2023), Space Situational Awareness, DOD should Evaluate How it Can Use Commercial Data, GAO-23-105565.

The White House(2021), United States Space Priorities Framework.

Alexandros Kolovos(2023), Strengthening Links Between European Union Space and Defence: Adopting a Combined Approach, Space Policy, Volume 63, 101534.

Annette Froehlich(2019), Space Security and Legal Aspects of Active Debris Removal, Studies in Space Policy, European Space Policy Institute.

Aptel, Cecile & Erickson, Sarah(2022), Outer Space Security: Past and Ongoing Multilateral Efforts and Challenges. The Journal of East Asian affairs, 35.

Benjamin B. Virgili(2020), Living with Space Debris: Unplanned Consequences of 60 Years in Space, ESOC.

Bhavya Lal, Asha Balakrishnan, Becaja M. Caldwell, Reina S. Buencensejo, Sara A. Carioscia(2018), Global Trends in Space Situational Awareness (SSA) and Space Traffic Management (STM), IDA Document D-9074.

Brian Baker-McEvilly, Surabhi Bhadauria, David Canales, Carolin Frueh(2024), A comprehensive review on Cislunar expansion and space domain awareness, Progress in Aerospace Sciences, Volume 147, 101019.

Brian Weeden(2013), Anti-satellite tests in Space-The case of China, Secure World Foundation.

Brian Weeden(2014), Through a Glass, Darkly Chinese, American, and Russian Anti-satellite Testing in Space, Secure World Foundation Fact Sheet.

Buchs, Romain, Florin, Marie Valentine(2021), Collision risk from space debris – Current status, challenges and response strategies, International Risk Governance Center.

Daniel L. Oltrogge, Salvatore Alfano(2019), The technical challenges of better Space Situational Awareness and Space Traffic Management, Journal of Space Safety Engineering, Volume 6, Issue 2, pp72-79.

Dave Baiocchi, William Welser IV(2010), Confronting Space Debris, strategies and warnings from comparable examples including deepwater horizon, National Defense Research Institute, RAND Corporation.

Gentoku Toyoma(2021), Countering Threats in Space Through International Cooperation, Space Policy, Volume 55, 101387.

Glenn Peterson, Marlon Sorge, and William Aillor(2018), Space Traffic Management in the Age of New Space, The Aerospace Corpoeration.

Jah, Moriba(2016). Space Surveillance, Tracking, and Information Fusion for Space Domain

Awareness, S&T organization, STO-EN-SCI-292.

Jonathan McDowell(2023), Space Activities in 2023, Jonathan's Space Report.

Kenza Bousedra(2023), Downstream Space Activities in the New Space Era: Paradigm Shift and Evaluation Challenges, Space Policy, Volume 64, 101553.

Kenza Bousedra(2023), Downstream Space Activities in the New Space Era: Paradigm Shift and Evaluation Challenges, Space Policy, Volume 64, 101553.

Kevin Pollpeter, Elizabeth Barrett, Jeffrey Edmonds, Amanda Kerrigan, and Andrew Taffer(2023), China-Russia Space Cooperation: The strategic, Military, Diplomatic, and Economic Implications of a Growing Relationship, the China Aerospace Studies Institute.

Krisko, P.H.(2007), The predicted growth of the low Earth orbit space debris environment – an assessment of future risk for spacecraft, NASA Technical Report Server(Ntrs).

Mariel Borowitz, Althea Noonan, Reem El Ghazal(2024), U.S. Strategic Interest in the Moon: An Assessment of Economic, National Security, and Geopolitical Drivers, Space Policy, Volume 69, 101548.

Michal Krelina(2023), The Prospect of Quantum Technologies in Space for Defence and Security, Space Policy, Volume 65, 101563.

Nina-Louisa Remuß(2009), The fair and responsible use of space: An international perspective, Space Policy, Volume 25, Issue 1, pp63-64.

Paladini, Stefania(2019), The New Frontiers of Space: Economic Implications, Security Issues and Evolving Scenarios. 10.1007/978-3-030-19941-8.

Peter Martinez(2019), Challenges for ensuring the security, safety and sustainability of outer space activities, Journal of Space Safety Engineering, Volume 6, Issue 2, pp65-68.

Riccardo Corrado, Maximilien Berthet, Morokot Sakal, Starlink for ASEAN: A Changemaker in the Race Toward Sustainable Development?, Space Policy, Volume 65, 2023, 101554, ISSN 0265-9646, https://doi.org/10.1016/j.spacepol.2023.101554.

Rossi, A. & Anselmo, Luciano & Pardini, C. & Jehn, Rüdiger & Valsecchi, G.B.(2009), The new space debris mitigation (SDM 4.0) long term evolution code. 672.

Ryan Brukardt, Jesse Klempner, Daniel Pacthod, Brooke Stokes(2022), The role of space in driving sustainability, security, and development on Earth, McKinsey & Company Article.

Sarah Erickson & Almudena Azcárate Ortega(2023), To Space Security and Beyond:

Exploring Space Security, Safety, and Sustainability Governance and Implementation Efforts, UNIDIR, Geneva.

Theodore J. Muelhaupt, Marlon E. Sorge, Jamie Morin, Robert S. Wilson(2019), Space traffic management in the new space era, Journal of Space Safety Engineering, Volume 6, Issue 2, pp80-87.

Thomas J. Colvin, John Karcz, Grace Wusk(2023), Cost and Benefit Analysis fo Orbital Debris Remediation, NASA Headquarters OTPS.

Wataru Nozawa, Kenichi Kurita, Tetsuya Tamaki, Shunsuke Managi(2023), To What Extent Will Space Debris Impact the Economy?, Space Policy, Volume 66, 101580.

Xiaodan Wu(2023), The International Lunar Research Station: China's New Era of Space Cooperation and Its New Role in the Space Legal Order, Space Policy, Volume 65, 101537.

도서

Chen, L., Bai, X., Liang, Y., Li, K., Orbital Data Applications for Space Objects: Conjunction Assessment and Situation Analysis. Springer Nature Singapore, 2016.

Ji Wu, Introduction to Space Science, Science Press, 2019

Joseph N. Pelton, New Solutions for the Space Debris Problem, Springer International Publishing, 2015.

Kabáth, P., Jones, D., and Skarka, M., Reviews in Frontiers of Modern Astrophysics: From Space Debris to Cosmology, Springer, 2020.

Schrogl, K.U. and Robinson, J., Handbook of Space Security: Policies, Applications and Programs, Springer International Publishing, 2020.

추천의 말

우주에서 벌어지는 일들은 눈에 보이지 않기에 주의를 기울이지 않으면 금세 잊힌다. 하지만 실제 우주에는 온갖 역학이 얽히고설켜 있다. 한국천문연구원 우주위험감시센터 최은정 센터장은 현재 우주에서 가장 필요한 논의를 촉발하고자 늘 현장의 자리에서 고군분투해 왔다. 《모두를 위한 우주는 없다》 역시 우주개발의 이면에 감춰진 우주 불평등 시대를 항해하고 있는 지금 우리에게 필요한 질문들을 던진다. 개인의 차원부터 제도적 정립과 국제적 협력까지, 현장 전문가인 저자만의 인사이트와 해법이 빛을 발한다. '우주 대항해 시대'를 열어가는 모든 이들에게 필요한 책이다.

손영종 연세대학교 교학부총장, 천문우주학과 교수

저자가 근무하는 한국천문연구원 우주위험감시센터는 우주 궤도에서 매일매일 실제 벌어지는 일들을 가장 먼저 확인하는 곳이다. 뉴 스페이스 시대를 맞아 우주개발과 탐사의 패러다임이 바뀌었다. 우주는 모든 이들에게 공정하게 열려 있는 공간 같지만, 무궁무진한 가능성 이면의 현실은 혹독하다. 저자는 우주개발 이면에 감춰진 우주 불평등과 우주 안보 문제를 폭넓은 경험을 바탕으로 다양한 사례를 엮어 첨예하게 전개한다. 이 책이 가치 있는 이유는 무엇보다 지금 우리에게 필요한 우주 지속 가능성의 길을 모색하기를 멈추지 않기 때문이다. 우리나라의 우주개발 방향성을 논의하는 데 꼭 참고해야 할 자료다. 이 책 출간을 계기로 관련 논의가 활발히 진행되길 기대한다.

한재흥 카이스트 우주연구원 원장, 항공우주공학과 교수

우주는 이제 외면할 수 없는 현실 그 자체가 되었다. 우리는 그야말로 그런 시대를 살고 있다. 동시대적인 삶을 살아가려면 지구 중심적 사고 체계에서 벗어나는 일이 시급하다. 《모두를 위한 우주는 없다》는 우주에 전략적으로 접근하여 인식의 좌표 변환이 일어나도록 이끄는 뇌 회로 재배치 가이드북이다. 냉정과 열정 사이를 넘나드는 우주 패러다임의 변화를 온몸으로 경험할 것이다. 이 책은 말하자면 우주라는 현실의 역사와 현재와 미래를 함께 만나는 시공간이다.

이명현 천문학자, 과학책방 '갈다' 대표

모두를 위한 우주는 없다

초판 1쇄 발행   2025년 11월 28일

지은이 • 최은정

펴낸이 • 박선경
기획/편집 • 이유나, 지혜빈, 민석홍, 연사랑
홍보/마케팅 • 박언경, 김경률
표지 디자인 • studio forb
제작 • 디자인원(031-941-0991)

펴낸곳 • 도서출판 갈매나무
출판등록 • 2006년 7월 27일 제395-2006-000092호
주소 • 경기도 고양시 일산동구 호수로 358-39 (백석동, 동문타워 I) 808호
전화 • 031)967-5596
팩스 • 031)967-5597
블로그 • blog.naver.com/kevinmanse
이메일 • kevinmanse@naver.com
페이스북 • www.facebook.com/galmaenamu
인스타그램 • www.instagram.com/galmaenamu.pub

ISBN 979-11-91842-98-2/03440
값 21,000원

• 잘못된 책은 구입하신 서점에서 바꾸어드립니다.